westermann

W0201337

FiNALE Prüfungstraining

Nordrhein-Westfalen

Mittlerer Schulabschluss,
Realschule, Hauptschule Typ B und
Gesamtschule Erweiterungskurs

Mathematik

2021

Lösungen und Formelsammlung

Bernhard Humpert
Prof. Dr. Dominik Leiss
Dr. Martina Lenze
Dr. Bernd Liebau
Ursula Schmidt
Peter Welzel

Ebene Figuren

Quadrat

Flächeninhalt:
$A = a \cdot a = a^2$

Umfang:
$u = 4 \cdot a$

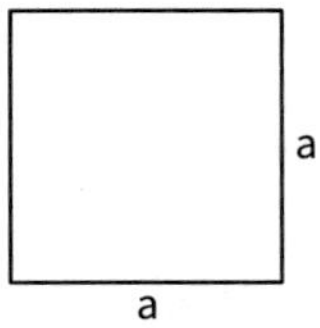

Rechteck

Flächeninhalt:
$A = a \cdot b$

Umfang:
$u = 2 \cdot a + 2 \cdot b$

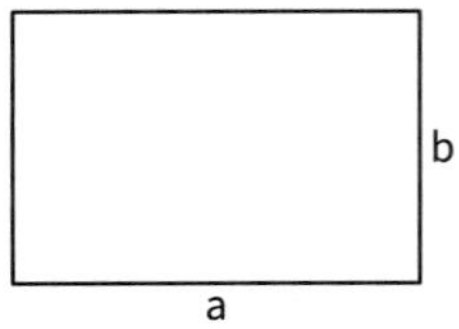

Dreieck

Flächeninhalt:

$A = \frac{g \cdot h}{2}$

Umfang:
$u = a + b + c$

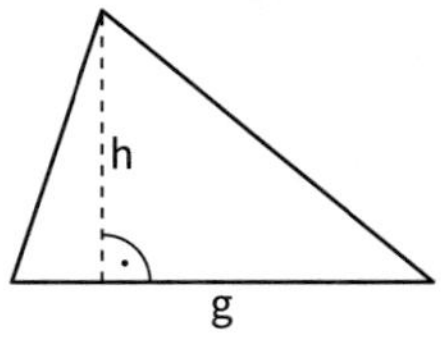

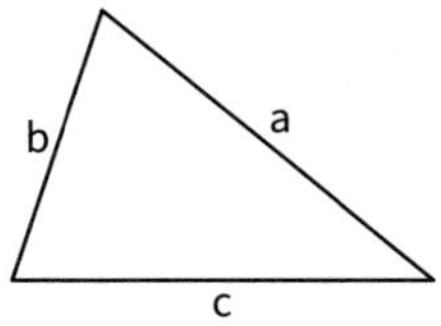

Parallelogramm

Flächeninhalt:
$A = g \cdot h$

Umfang:
$u = 2 \cdot a + 2 \cdot b$

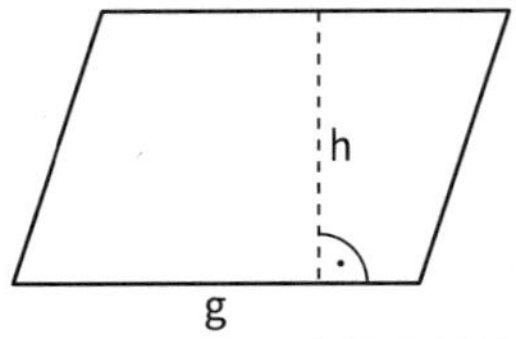

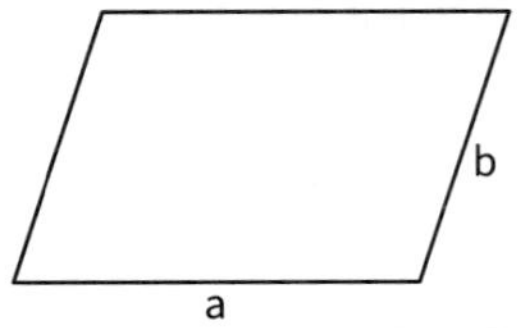

Trapez

Flächeninhalt:

$A = \frac{a + c}{2} \cdot h$

Umfang:
$u = a + b + c + d$

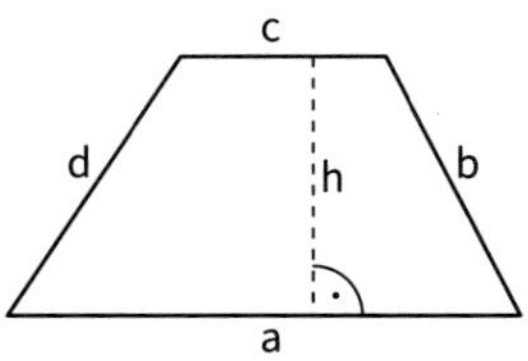

Kreis

Radius: r

Durchmesser: $d = 2 \cdot r$

Flächeninhalt: $A = \pi \cdot r^2$

Umfang: $u = 2 \cdot \pi \cdot r$

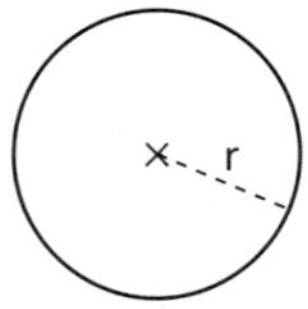

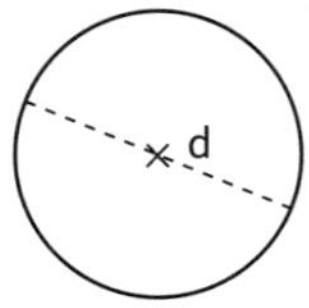

Kreissektor

Flächeninhalt:

$A = \pi \cdot r^2 \cdot \frac{\alpha}{360°}$

Kreisbogen:

$b = 2 \cdot \pi \cdot r \cdot \frac{\alpha}{360°}$

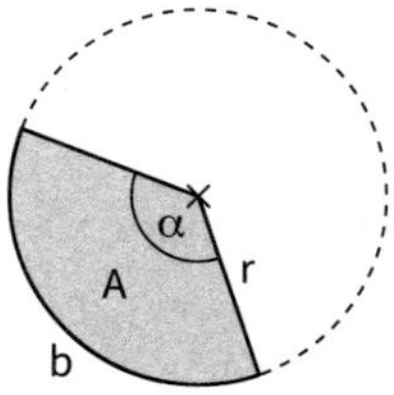

Kreisring

Flächeninhalt:
$A = A_1 - A_2$
$A = \pi \cdot r_1^2 - \pi \cdot r_2^2$

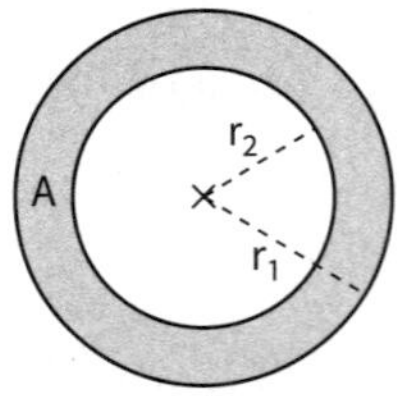

Beziehungen im rechtwinkligen Dreieck

Im rechtwinkligen Dreieck gilt:

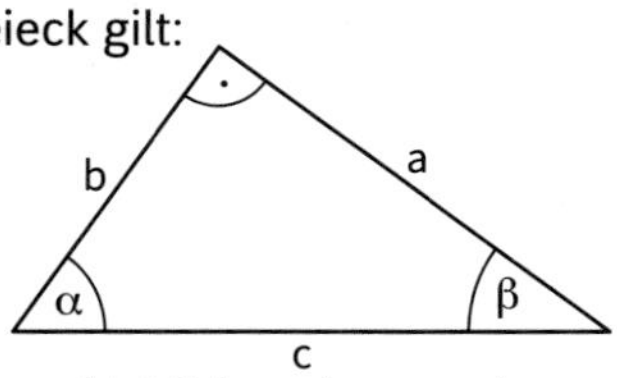

Die beiden *Katheten* a und b bilden einen rechten Winkel.
Die *Hypotenuse* c ist die längste Seite des Dreiecks und liegt dem rechten Winkel gegenüber.

Satz des Pythagoras

$a^2 + b^2 = c^2$

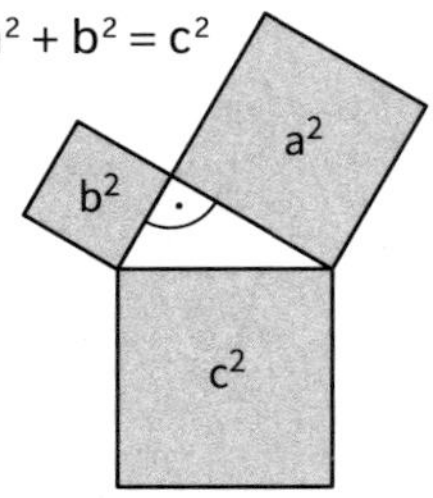

Trigonometrie

$\sin\alpha = \frac{a}{c} = \frac{\text{Gegenkathete von } \alpha}{\text{Hypotenuse}}$

$\cos\alpha = \frac{b}{c} = \frac{\text{Ankathete von } \alpha}{\text{Hypotenuse}}$

$\tan\alpha = \frac{a}{b} = \frac{\text{Gegenkathete von } \alpha}{\text{Ankathete von } \alpha}$

Maßeinheiten

Länge

Kilometer	Meter	Dezimeter	Zentimeter	Millimeter

1 km = 1000 m
1 m = 10 dm
1 dm = 10 cm
1 cm = 10 mm

Fläche

Quadratmeter	Quadratdezimeter	Quadratzentimeter	Quadratmillimeter

$1\ m^2 = 100\ dm^2$
$1\ dm^2 = 100\ cm^2$
$1\ cm^2 = 100\ mm^2$

Geometrische Körper

Würfel

Volumen:
$V = a \cdot a \cdot a = a^3$

Oberfläche:
$O = 6 \cdot a \cdot a = 6 \cdot a^2$

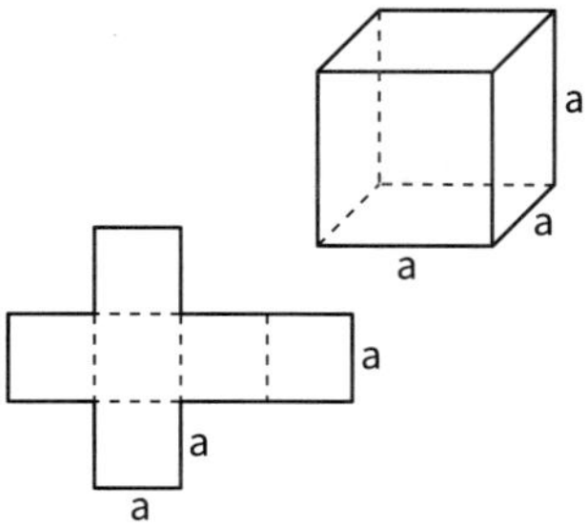

Quader

Volumen:
$V = a \cdot b \cdot c$

Oberfläche:
$O = 2 \cdot a \cdot b + 2 \cdot b \cdot c + 2 \cdot c \cdot a$

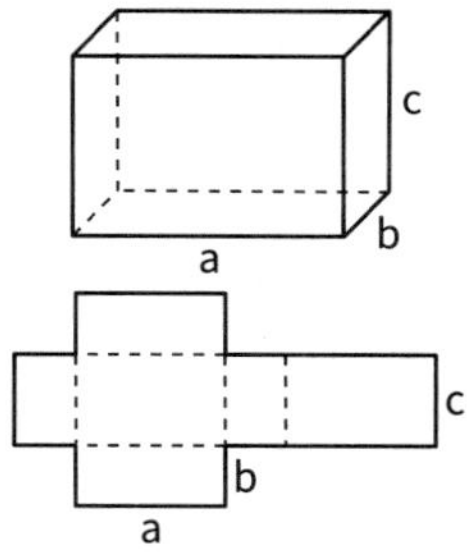

Prisma

Beispiel: Dreiecksprisma

Grundfläche: G

Höhe des Körpers: h_K

Umfang der Grundfläche: u

Volumen:
$V = G \cdot h_K$

Mantelfläche:
$M = u \cdot h_K$

Oberfläche:
$O = 2 \cdot G + M$

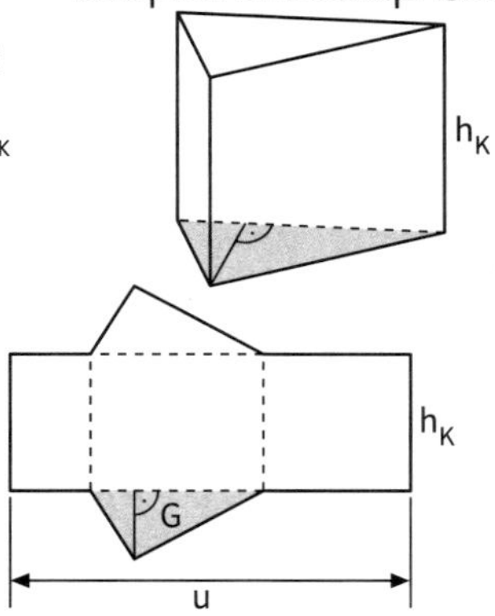

Zylinder

Grundfläche (Kreis): $G = \pi \cdot r^2$

Höhe des Körpers: h_K

Umfang der Grundfläche: $u = 2 \cdot \pi \cdot r$

Volumen:
$V = G \cdot h_K$

Mantelfläche:
$M = u \cdot h_K$

Oberfläche:
$O = 2 \cdot G + M$

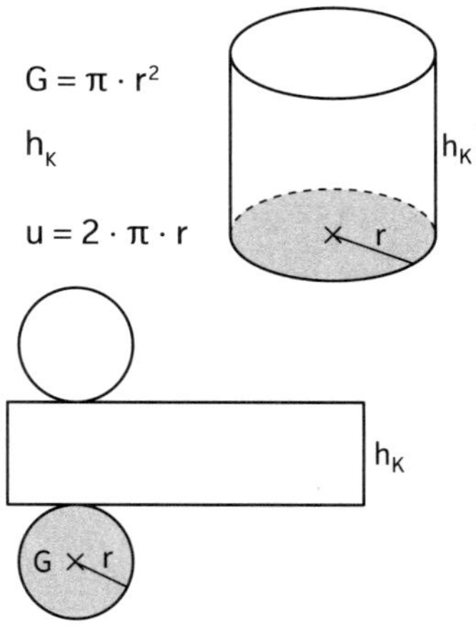

Pyramide

Beispiel: Quadratische Pyramide

Grundfläche: G

Höhe des Körpers: h_K

Höhe der Seitenfläche: s

Volumen: $V = \frac{1}{3} \cdot G \cdot h_K$

Mantelfläche: M

Oberfläche:
$O = G + M$

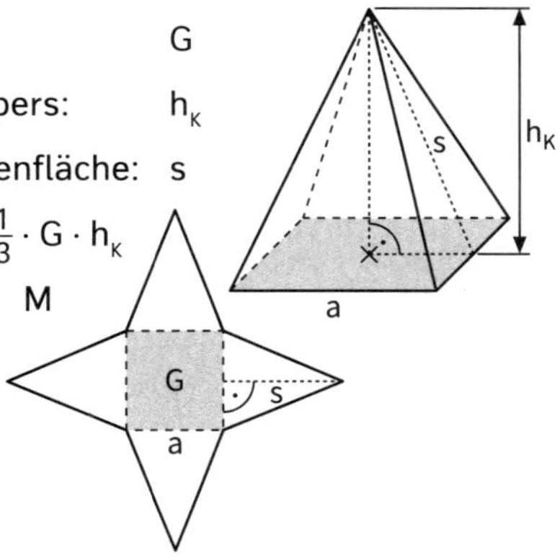

Kegel

Grundfläche (Kreis): $G = \pi \cdot r^2$

Höhe des Körpers: h_K

Länge der Mantellinie: s

Volumen: $V = \frac{1}{3} \cdot G \cdot h_K$

Mantelfläche:
$M = \pi \cdot r \cdot s$

Oberfläche:
$O = G + M$

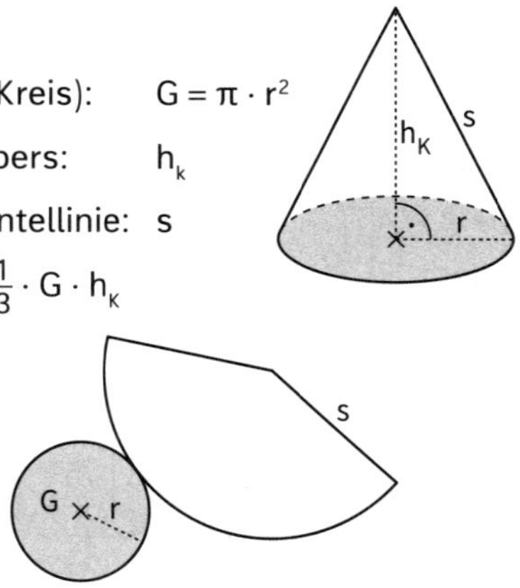

Kugel

Volumen: $V = \frac{4}{3} \cdot \pi \cdot r^3$

Oberfläche: $O = 4 \cdot \pi \cdot r^2$

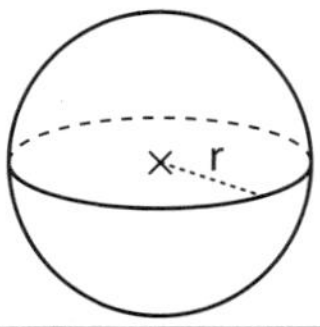

Maßeinheiten

Volumen

Kubikmeter	Kubikdezimeter	Kubikzentimeter	Kubikmillimeter
$1\ m^3$ =	$1000\ dm^3$		
	$1\ dm^3$ =	$1000\ cm^3$	
		$1\ cm^3$ =	$1000\ mm^3$

Liter (ℓ) $1\ dm^3 = 1\ ℓ = 1000\ mℓ$
$1\ cm^3 = 1\ mℓ$

Masse

Tonne	Kilogramm	Gramm	Milligramm
1 t =	1000 kg		
	1 kg =	1000 g	
		1 g =	1000 mg

Zentrische Streckung und Ähnlichkeitsbeziehungen

Bei einer zentrischen Streckung mit dem Zentrum Z und dem Streckungsfaktor k ($k \neq 0$) wird jeder Punkt P auf einen Bildpunkt P′ abgebildet.

Es gilt:
- Z, P und P′ liegen auf einer Geraden.
- $\overline{ZP'} = |k| \cdot \overline{ZP}$
- $k > 0$: P′ und P liegen auf derselben Seite von Z
- $k < 0$: P′ und P liegen auf gegenüberliegenden Seiten von Z

Beispiel: zentrische Streckung eines Dreiecks
$k > 0$

$k = \frac{\overline{ZA'}}{\overline{ZA}} = \frac{\overline{ZB'}}{\overline{ZB}} = \ldots$

außerdem gilt:

$k = \frac{\overline{A'B'}}{\overline{AB}} = \frac{\overline{A'C'}}{\overline{AC}} = \ldots$

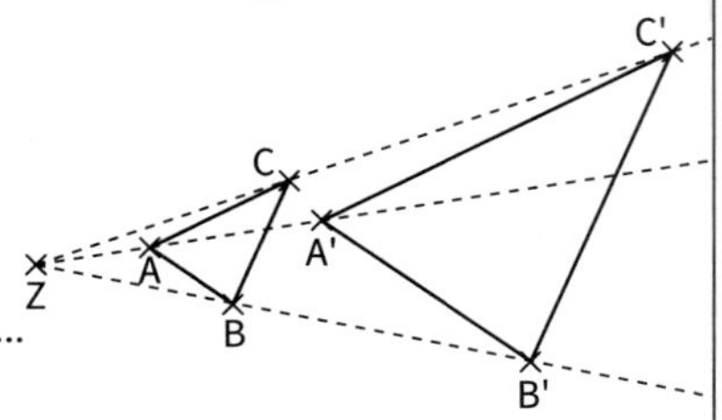

Orginal- und Bildfigur sind zueinander ähnlich, d. h. die Bildstrecken sind parallel zu den Orginalstrecken und die Winkelgrößen bleiben erhalten.

Prozent- und Zinsrechnung

Prozentrechung

Grundwert: $G \triangleq 100\,\%$

$G = \frac{W}{p\,\%}$

Prozentsatz: $p\,\% = \frac{p}{100}$

$p\,\% = \frac{W}{G}$

Prozentwert: W

$W = G \cdot p\,\%$

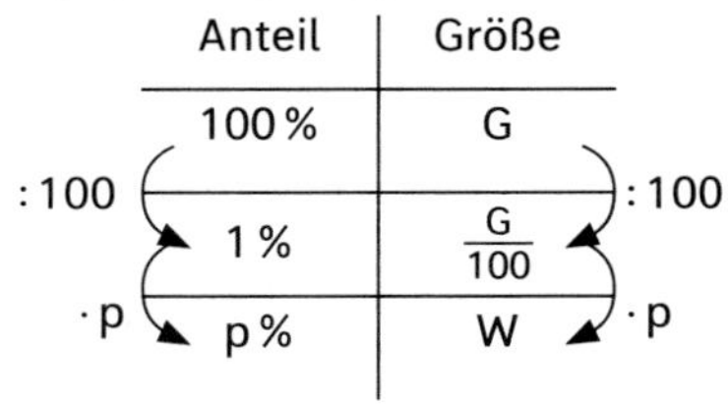

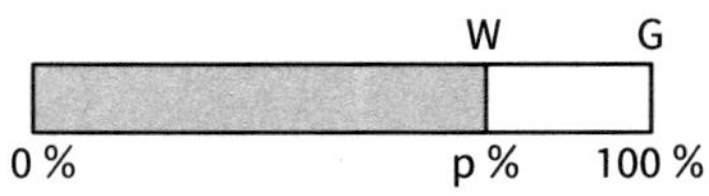

Prozentsätze zur Orientierung

1 %	$= \frac{1}{100}$	$= 0{,}01$
5 %	$= \frac{1}{20}$	$= 0{,}05$
10 %	$= \frac{1}{10}$	$= 0{,}1$
25 %	$= \frac{1}{4}$	$= 0{,}25$
$33{,}\overline{3}\,\%$	$= \frac{1}{3}$	$= 0{,}\overline{3}$
50 %	$= \frac{1}{2}$	$= 0{,}5$

Zinsrechung

Kapital: $K \triangleq 100\,\%$
Zinssatz: p %
Zinsen: Z

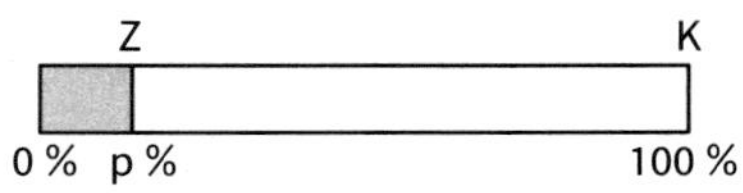

Jahreszinsen

$Z = K \cdot p\,\%$

Monatszinsen
m: Anzahl der Monate
$Z_m = K \cdot p\,\% \cdot \frac{m}{12}$

Tageszinsen
t: Anzahl der Tage
$Z_t = K \cdot p\,\% \cdot \frac{t}{360}$

Zinseszins

Anfangskapital: K_0

Zinsfaktor: $q = 1 + \frac{p}{100}$

Anzahl der Jahre: n

Kapital mit Zinseszins Jahr für Jahr
1. Jahr: $K_1 = K_0 \cdot q$
2. Jahr: $K_2 = K_1 \cdot q$
⋮ ⋮

Kapital mit Zinseszins nach n Jahren
$K_n = K_0 \cdot q^n$

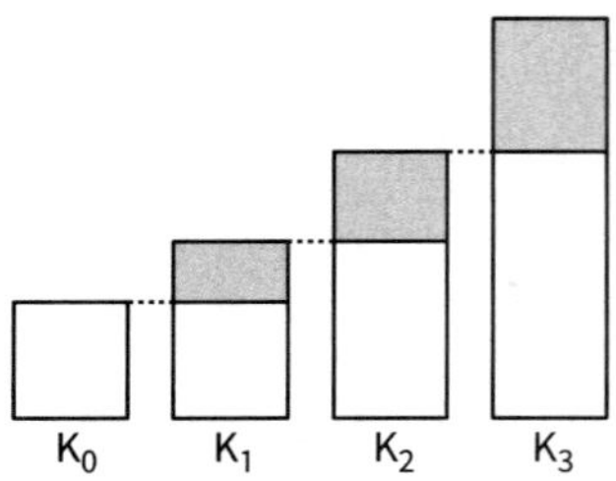

Diagramme

Werte darstellen
Säulendiagramm

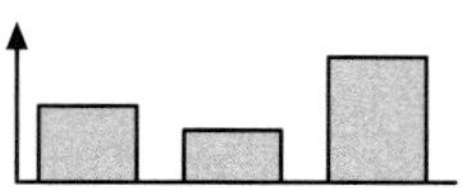

Anteile darstellen
Streifendiagramm

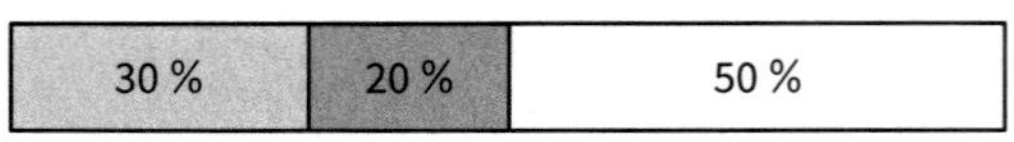

Balkendiagramm

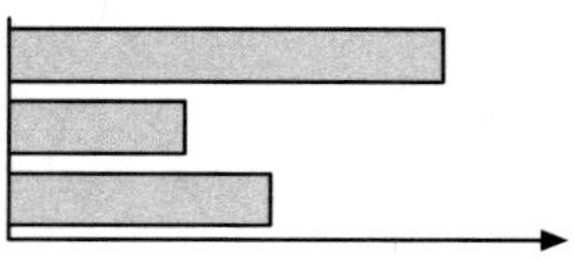

Kreisdiagramm

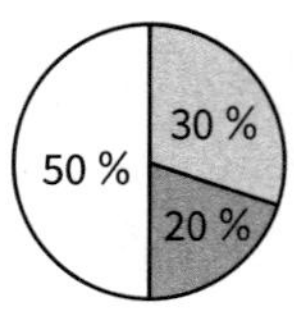

$100\,\% \triangleq 360°$
$10\,\% \triangleq 36°$
$1\,\% \triangleq 3{,}6°$

Daten

Häufigkeiten

absolute Häufigkeit:
Die absolute Häufigkeit gibt an, wie oft ein bestimmter Wert (Merkmal/Ergebnis/Ereignis) bei einer Befragung/einem Experiment auftritt.

relative Häufigkeit:
Die relative Häufigkeit gibt das Verhältnis von der absoluten Häufigkeit eines Wertes zu der Anzahl aller Werte an.

$$\text{relative Häufigkeit} = \frac{\text{absolute Häufigkeit}}{\text{Anzahl aller Werte}}$$

Daten sammeln und ordnen

Urliste:
In einer Urliste liegen alle Werte einer Befragung in der Reihenfolge vor, wie sie beobachtet wurden.

Rangliste:
In einer Rangliste liegen alle Werte einer Befragung in geordneter Reihenfolge vor, vom kleinsten zum größten Wert sortiert.

Mittelwerte

arithmetisches Mittel $\bar{x}$:
Das arithmetische Mittel (Durchschnittswert) ist die Summe aller Werte geteilt durch die Anzahl n der Werte.

$$\bar{x} = \frac{x_1 + x_2 + \ldots + x_n}{n}$$

Median $\tilde{x}$:
Der Wert, der in der Mitte einer Rangliste steht, heißt Median (Zentralwert).

Median bei ungerader Anzahl:
38; 39; $\underbrace{39}_{\text{Median}}$; 40; 40; 43

$\tilde{x} = 39$

Median bei gerader Anzahl:
38; $\underbrace{39; 40}_{\text{Median}}$; 45

$\tilde{x} = 39$ oder $\tilde{x} = 40$
bzw.:
$(39 + 40) : 2 = 39{,}5$

Statistische Kennwerte im Boxplot darstellen

Minimum: x_{Min}
Maximum: x_{Max}
Spannweite: $x_{Max} - x_{Min}$
Median: $\tilde{x}$
unteres Quartil: q_u (Median der unteren Hälfte der Werte)
oberes Quartil: q_o (Median der oberen Hälfte der Werte)

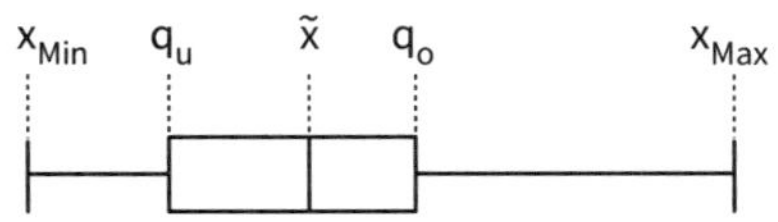

Wahrscheinlichkeitsrechnung

Laplace-Wahrscheinlichkeit

Laplace-Versuche sind Zufallsversuche, bei denen jedes Ergebnis gleich wahrscheinlich ist.

Für die Wahrscheinlichkeit P eines Ereignisses E gilt dann:

$$P(E) = \frac{\text{Anzahl der günstigen Ergebnisse}}{\text{Anzahl der möglichen Ergebnisse}}$$

Mehrstufige Zufallsversuche

Mehrstufige Zufallsversuche lassen sich in einem Baumdiagramm darstellen. Die Wahrscheinlichkeiten lassen sich mit Hilfe der Pfadregeln berechnen.

1. Pfadregel (Produktregel)
Die Wahrscheinlichkeit eines Ergebnisses E ist gleich dem Produkt der Wahrscheinlichkeiten entlang des zugehörigen Pfades.

$P(E) = p_1 \cdot p_2$

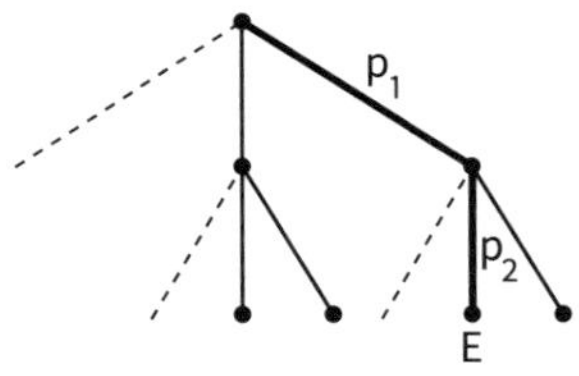

2. Pfadregel (Summenregel)
Die Wahrscheinlichkeit eines zusammengesetzten Ereignisses E ist gleich der Summe der einzelnen Wahrscheinlichkeiten der zugehörigen Ergebnisse.

$P(E) = P(E_1) + P(E_2) = p_1 \cdot p_2 + q_1 \cdot q_2$

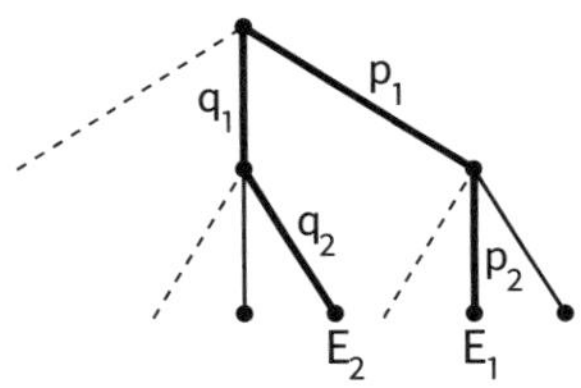

Funktionen

Eine Funktion ist eine eindeutige Zuordnung. Dabei wird jeder Ausgangsgröße eine Größe zugeordnet. Eine Funktion kann auf unterschiedliche Weise angegeben werden:

Wortform
Beispiel:
„Jeder Zahl wird ihre Quadratzahl zugeordnet."

Zuordnungsvorschrift
$x \mapsto x^2$

Funktionsgleichung
$y = x^2$ oder $f(x) = x^2$

Wertetabelle

x	−2	−1	0	1	2
y	4	1	0	1	4

Graph

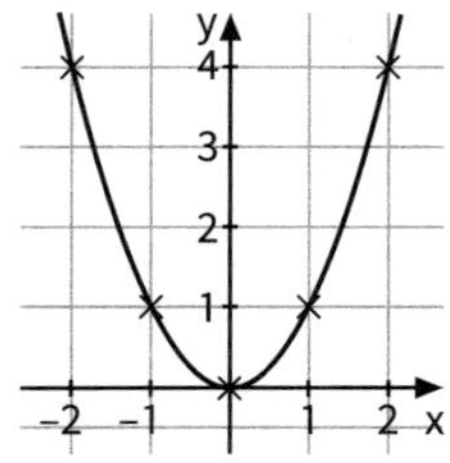

Schnittpunkte und Berührungspunkte mit den Koordinatenachsen:
Wenn $f(x_0) = 0$, dann ist x_0 eine Nullstelle von f. Der Graph von f schneidet oder berührt die x-Achse im Punkt $(x_0|0)$.
Wenn der Graph einer Funktion f die y-Achse schneidet, dann ist an der Stelle $x = 0$ der Schnittpunkt mit den Koordinaten $(0|y_0)$.

Lineare Funktionen

allgemeine Geradengleichung
$g: y = m \cdot x + n$

Steigung der Geraden

$m = \frac{y_2 - y_1}{x_2 - x_1}$ $\quad x_2 \neq x_1$

y-Achsen-Abschnitt: n

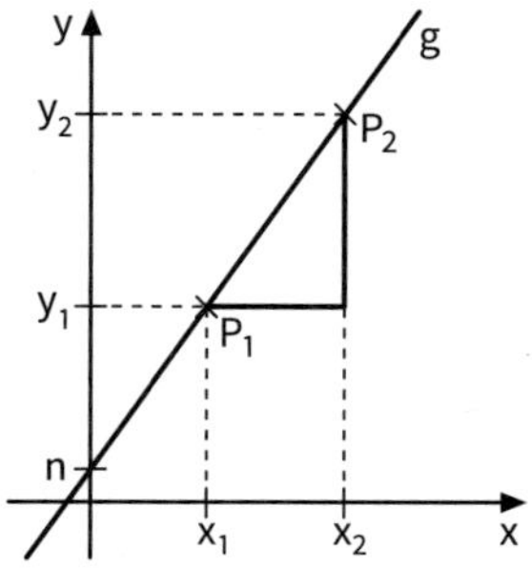

$m > 0$
die Gerade g steigt

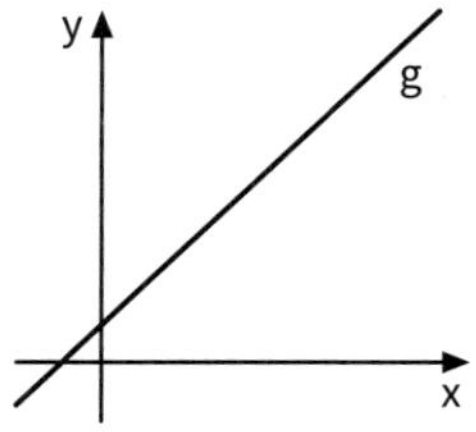

$m < 0$
die Gerade g fällt

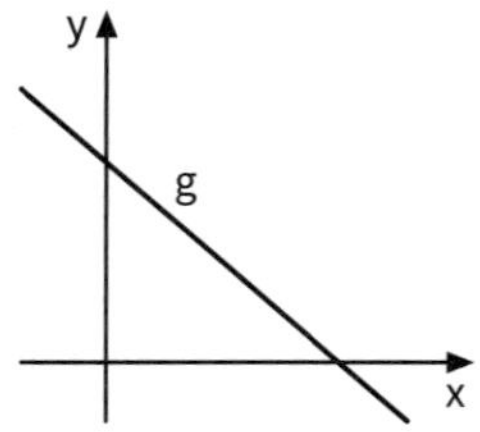

Eigenschaften von quadratischen Funktionen

Normalparabel
$y = x^2$

Scheitelpunkt: S (0|0)

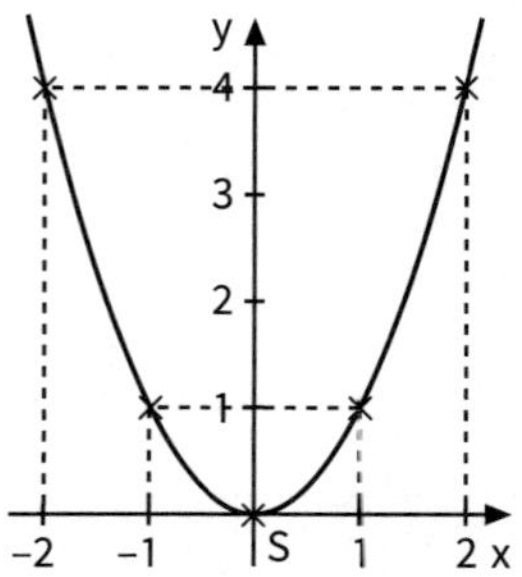

gestreckte / gestauchte Parabel: $y = a \cdot x^2$

Streckfaktor: a, $a \neq 0$

Die Parabel ist gestreckt, wenn $a > 1$

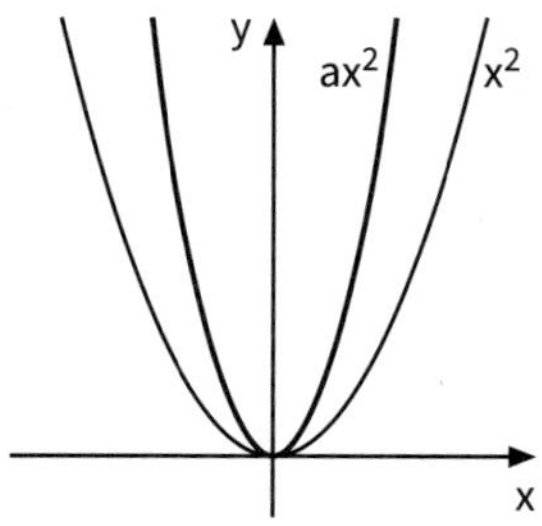

Die Parabel ist gestaucht, wenn $0 < a < 1$

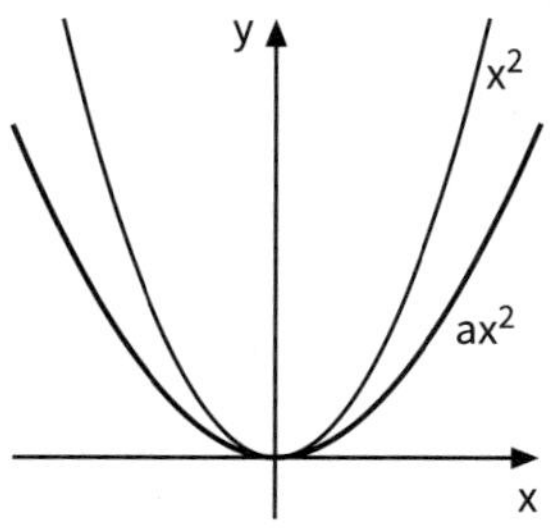

Die Parabel ist nach unten geöffnet, wenn $a < 0$

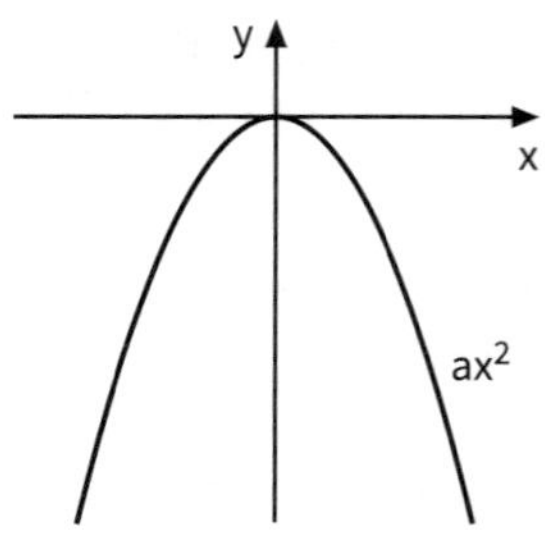

allgemeine Form
$y = a \cdot x^2 + b \cdot x + c$, (a n 0)

Schnittpunkt mit der y-Achse: (0|c)

Scheitelpunktform
$y = a \cdot (x - d)^2 + e$, $(a \neq 0)$

Scheitelpunkt: S (d|e)

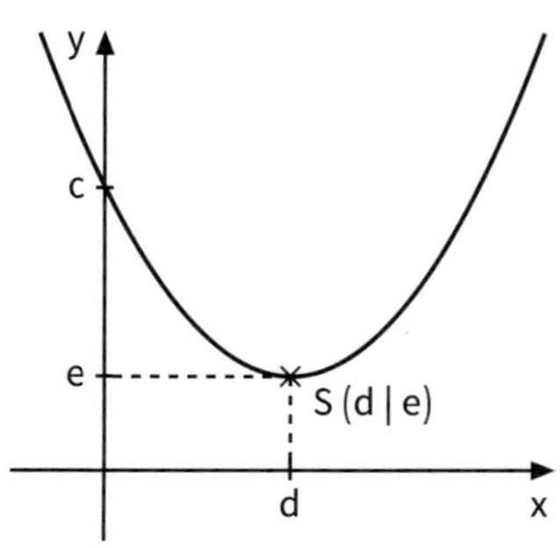

Exponentialfunktionen und exponentielles Wachstum

allgemeine Form
$y = q^x \qquad (q \in \mathbb{R}^+)$

Definitionsbereich: $x \in \mathbb{R}$

Wertebereich: $y \in \mathbb{R}^+$

Schnittpunkt mit der y-Achse: $(0|1)$

Kein Schnittpunkt mit der x-Achse

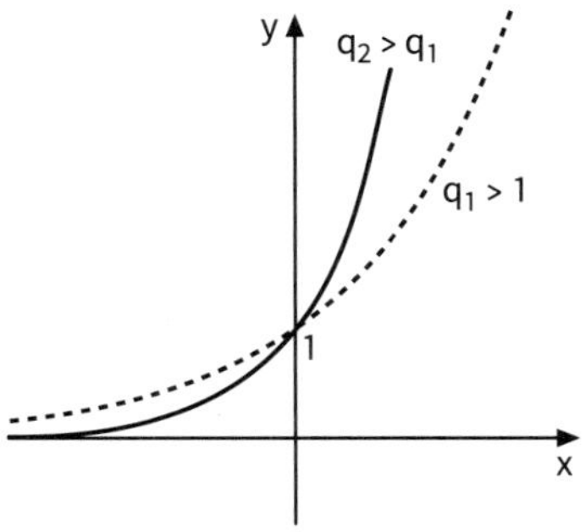

exponentiellles Wachstum
$y = a \cdot q^x \qquad (a \in \mathbb{R} \setminus \{0\},\ q \in \mathbb{R}^+)$

Anfangswert (Startwert): a

Wachstumsfaktor: q

x	0	1	2	...
y	a	$a \cdot q$	$a \cdot q^2$	...

(x: jeweils +1; y: jeweils $\cdot q$)

prozentuale Zusnahme um p %:

$q > 1,\ q = 1 + \frac{p}{100}$

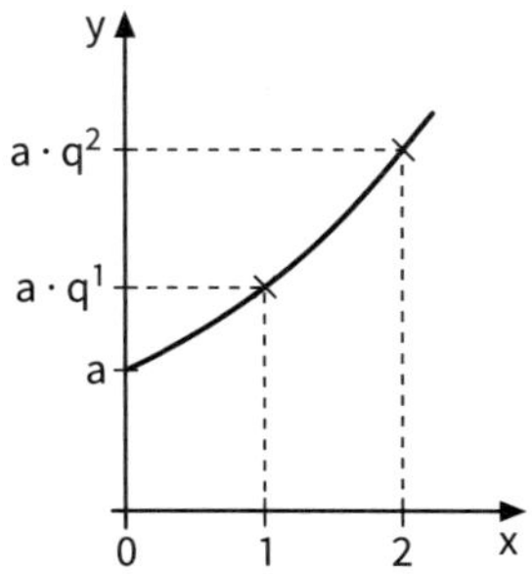

prozentuale Abnahme um p %:

$0 < q < 1,\ q = 1 - \frac{p}{100}$

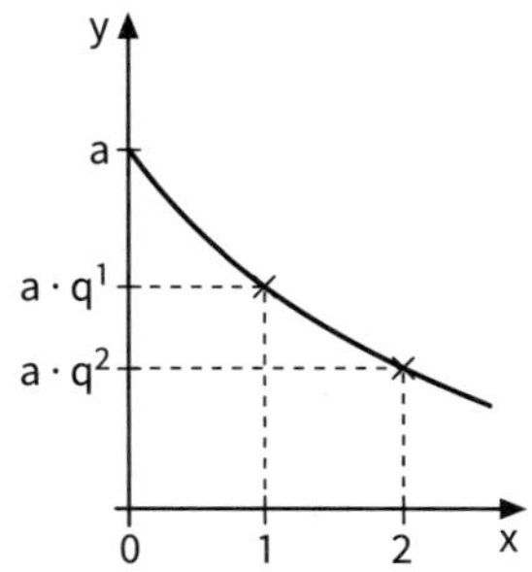

Sinusfunktion

$y = \sin \alpha$

Wertebereich: $-1 \leq y \leq 1$

Periode: 360°, also
$\sin \alpha = \sin (\alpha + 360°)$

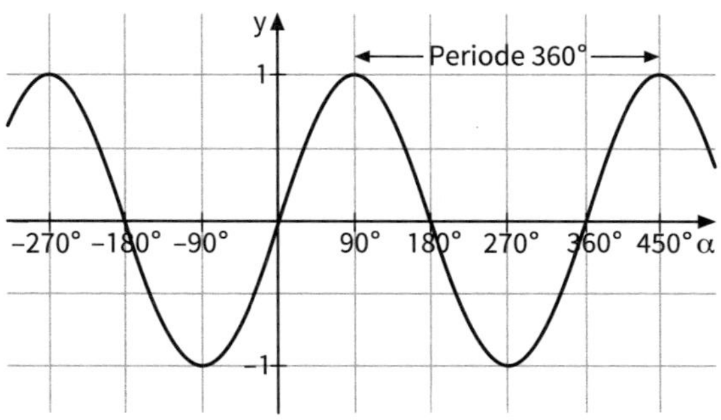

Bionomische Formeln

$(a + b)^2 = a^2 + 2 \cdot a \cdot b + b^2$

$(a - b)^2 = a^2 - 2 \cdot a \cdot b + b^2$

$(a + b) \cdot (a - b) = a^2 - b^2$

Quadratische Gleichungen

Normalform:
$x^2 + p \cdot x + q = 0; \quad p, q \in \mathbb{R}$

Lösung: $x_{1/2} = -\frac{p}{2} \pm \sqrt{\left(\frac{p}{2}\right)^2 - q}$; wenn $\left(\frac{p}{2}\right)^2 - q \geq 0$

Es gibt keine Lösung, wenn $\left(\frac{p}{2}\right)^2 - q < 0$.

Potenz- und Wurzelgesetze

Potenzgesetze

$m, n \in \mathbb{Q}$, wenn $a, b \in \mathbb{R}^+$ oder $m, n \in \mathbb{Z}$, wenn $a, b \in \mathbb{R} \setminus \{0\}$

$a^m \cdot a^n = a^{m+n}$

$a^m : a^n = a^{m-n}$

$a^n \cdot b^n = (a \cdot b)^n$

$a^n : b^n = (a : b)^n$

$(a^m)^n = a^{m \cdot n}$

$a^0 = 1$

$a^{-n} = \frac{1}{a^n}$

Wurzelgesetze

$a, b \in \mathbb{R}_0^+$ und $m, n \in \mathbb{N}$ $\qquad \sqrt[n]{a} = a^{\frac{1}{n}}$

$\sqrt[n]{a} \cdot \sqrt[n]{b} = \sqrt[n]{a \cdot b}$

$\frac{\sqrt[n]{a}}{\sqrt[n]{b}} = \sqrt[n]{\frac{a}{b}} \quad (b > 0)$

$\sqrt[n]{\sqrt[m]{a}} = \sqrt[m]{\sqrt[n]{a}} = \sqrt[m \cdot n]{a}$

$(\sqrt[n]{a})^m = \sqrt[n]{a^m} = a^{\frac{m}{n}}$

Hier im Lösungsheft befinden sich **Kurzlösungen** zu den Aufgaben des Eingangstests (S. 6 – 11).
Ausführliche Lösungen zum Eingangstest befinden sich im Arbeitsbuch (S. 14 – 35).

Kurzlösungen – Eingangstest Teil A Basisaufgaben

Arithmetik/Algebra (Eingangstest)

6 **❶ Rechnen und Ordnen**

a) (1) 6 (2) 0,9 (3) 1 (4) 11,9 (5) – 2,9 (6) 5

b) $-0{,}7 < -\frac{1}{2} < 0{,}5 < 0{,}6 < \frac{3}{4} < \frac{4}{3} < 1\frac{3}{5}$

❷ Prozente

a) 75 € b) 5 % c) 200 kg d) 24,80 €

❸ Gleichungssysteme

a) $x = 1,\ y = -1$ b) Breite 6,5 cm, Länge 8,5 cm

❹ Schätzen

Oberfläche Schokoladentafel: 30 000 mm^2 Höhe Kirchturm: 0,085 km
Volumen Badewasser: 320 *l*

7 **❺ Wintercheck**

a) C3 b) 16,50 € c) =Summe(D3:D8) d) =D10*0,19; =D10*B11/100

❻ Aussagen

a) (1) Ja (2) Nein (3) Ja (4) Nein
b) x = 32 (1) Max 32 Jahre; Vera 28 Jahre (3) 1. Tag 32 km; 2. Tag 28 km

Funktionen (Eingangstest)

❼ Zuordnungen

Richtig anzukreuzen ist jeweils …
a) p (proportional) b) k (keine von beiden)
c) a (antiproportional) d) k (keine von beiden)

8 **❽ Gleichungen und Graphen**

g_1: $y = -x - 2$ g_3: $y = 2x^2$ g_5: $y = x - 2$
g_2: $y = -0{,}5x^2$ g_4: $y = -x + 2$ g_6: $y = x^2 + 2x + 2$

❾ Parabeln in verschiedenen Darstellungen

Scheitelpunktform: $f(x) = 2\,(x - 3)^2 - 15$ Allgemeine Form: $f(x) = 2x^2 - 12x + 3$

❿ Lineare Funktion – Füllmenge

a) 150 *l* b) Abnahme pro Minute: 2 *l* c) $y = -2x + 150$

⓫ Exponentielles Wachstum

Nach 5 Jahren hat die Stadt ca. 46 371 Einwohner.

Geometrie (Eingangstest)

9 **⓬ Rechteck**

Weil a = 8 cm und der Umfang u = 2a + 2b = 30 cm, ist b = 7 cm.
Damit ist der Flächeninhalt $A = a \cdot b = 56\ cm^2$.

9 **13 Dreieck im Koordinatensystem**

a) P(−1 | 3); Q(−1 | −2); R(4 | −1)

b) g = 5 cm; h = 5 cm; $A = \frac{5\text{ cm} \cdot 5\text{ cm}}{2} = 12{,}5\text{ cm}^2$

c) Die Figur PQRS ist ein Parallelogramm.

d) $A = g \cdot h \rightarrow A = 5\text{ cm} \cdot 5\text{ cm} = 25\text{ cm}^2$

14 Umzug

Volumen eines Kartons: $V = 600\text{ mm} \cdot 0{,}33\text{ m} \cdot 0{,}34\text{ m} = 0{,}06732\text{ m}^3$
90 Kartons haben das Volumen $90 \cdot 0{,}06732\text{ m}^3 = 6{,}0588\text{ m}^3$.
Zu empfehlen ist der Transporter mit dem Ladevolumen von $9{,}5\text{ m}^3$.

15 Zylinder

a) Netz:

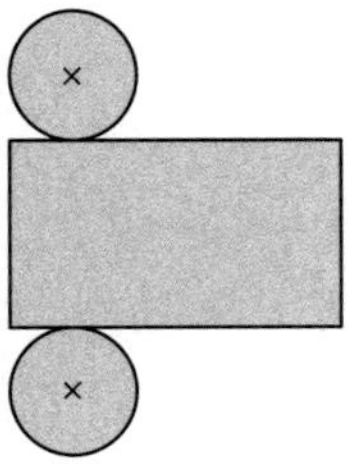

b) $O = 2\pi r^2 + 2\pi rh$
$O = 2\pi \cdot (14\text{ cm})^2 + 2\pi \cdot 14\text{ cm} \cdot 8\text{ cm}$
$O \approx$ **1 935 cm²**

10 **16 Buchstaben-Design**

$\overline{CD} = \frac{1}{3} \cdot \overline{AB} = \frac{1}{3} \cdot 6\text{ cm} = 2\text{ cm}$

$\overline{SC} = \frac{2\text{ cm} \cdot 6{,}7\text{ cm}}{6\text{ cm}}$ $\quad \overline{SC} = 2{,}2\overline{3}\text{ cm}$ Die Strecke in der Zeichnung sollte ungefähr 2,2 cm lang sein.

17 Drachen

a) $a^2 + b^2 = e^2$ $\quad e \approx 35{,}36\text{ cm}$ $\quad f = 3 \cdot \frac{e}{2} = 3 \cdot 17{,}68\text{ cm} = 53{,}04\text{ cm}$

b) $c^2 = \left(\frac{e}{2}\right) + e^2$; $\quad c \approx 39{,}53\text{ cm}$

$u = 2 \cdot 25\text{ cm} + 2 \cdot 39{,}53\text{ cm} \approx 129\text{ cm}$
Die Schnur rund um den Drachen ist ungefähr 130 cm lang.

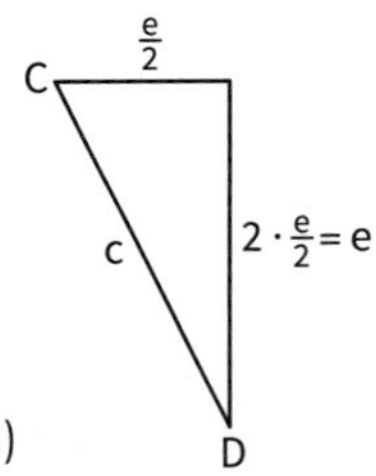

18 Winkel

a) $\beta = 180° - 40° = 140°$ (Nebenwinkel von α) $\quad \delta = 140°$ (Stufenwinkel zu β)
$\gamma = 40°$ (Scheitelwinkel zu α) $\quad \varepsilon = 140°$ (Wechselwinkel zu β)

b) $\alpha = 105°$, also $\beta = 75°$, $\gamma = 105°$, $\delta = \varepsilon = \beta = 75°$

Daten und Zufall (Eingangstest)

19 Tablet

a) Median: 269 €, Spannweite: 68 €, arithmetisches Mittel: 275,20 €
b) Beim sechsten Angebot kostet das Tablet 208 €.

11 **20 Nutzflächen in Deutschland**

a) 1 mm ≙ 2500 km²

	Flächeninhalt (in km²)	Relative Häufigkeit (in %)
Landwirtschaft	187 500	52,4
Wald	107 500	30,1
Versiegelte Fläche	47 500	13,3
Sonstige Fläche	15 000	4,2
Gesamtfläche	357 500	100

21 Farbige Kugeln

a) P(blau) = 20 % $\quad$ b) P(nicht rot) = 70 %

22 Würfel

a) $P(4) = \frac{1}{3}$ $\quad$ b) P(größer als 3) $= \frac{5}{6}$
c) Das war vermutlich der Würfel (1).

Übungsaufgaben Teil A Basisaufgaben

Arithmetik/Algebra (Übungsaufgaben)

14 ① a) $1{,}2 \cdot 7{,}6 = 9{,}12$ c) $\frac{2}{5} + \frac{3}{10} = \frac{4}{10} + \frac{3}{10} = \frac{7}{10}$ e) $\frac{1}{3} \cdot \frac{2}{5} = \frac{2}{15}$

b) $0{,}45 \cdot 10{,}5 = 4{,}725$ d) $\frac{1}{3} + \frac{2}{5} = \frac{5}{15} + \frac{6}{15} = \frac{11}{15}$ f) $\frac{1}{3} : \frac{2}{5} = \frac{1}{3} \cdot \frac{5}{2} = \frac{5}{6}$

② (1) $(11 - 8) : 5 = 0{,}6$ (2) $\frac{1}{5} \cdot (-2)^3 = \frac{1}{5} \cdot (-8) = -1{,}6$ (3) $(2{,}9 - 5{,}7) : 2 = -1{,}4$

(4) $2{,}5 + (-3) \cdot 1{,}5 = 2{,}5 - 4{,}5 = -2$ (5) $4{,}8 \cdot x = -1{,}2 \quad x = -\frac{1}{4}$

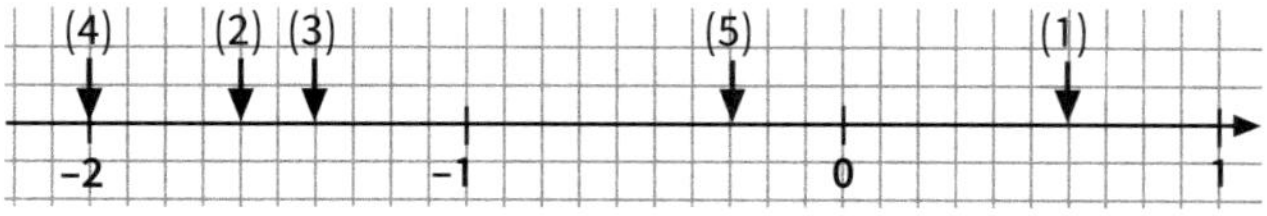

③ Es ist besser, die Zahlen zum Vergleich dezimal zu schreiben.

a) $0{,}4 \;|\; \frac{3}{6} = 0{,}5 \;|\; 0{,}38 \;|\; \frac{1}{4} = 0{,}25 \;|\; \frac{3}{8} = 0{,}375 \;|\; 0{,}44$

$\frac{1}{4} < \frac{3}{8} < 0{,}38 < 0{,}4 < 0{,}44 < \frac{3}{6}$

b) $-1\frac{1}{2} = -1{,}5 \;|\; -\frac{7}{5} = -1{,}4 \;|\; -\frac{3}{4} = -0{,}75 \;|\; -0{,}8 \;|\; -\frac{11}{8} = -1{,}375 \;|\; -1{,}3$

Bei negativen Zahlen (z. B. -7; -3) hat die größere Zahl (-3) den kleineren Betrag $|-3| > |-7|$.

$-1\frac{1}{2} < -\frac{7}{5} < -\frac{11}{8} < -1{,}3 < -0{,}8 < -\frac{3}{4}$

c) $0{,}7 \;|\; -\frac{3}{4} = -0{,}75 \;|\; -1{,}34 \;|\; \frac{4}{5} = 0{,}8 \;|\; -\frac{4}{3} = -1{,}\overline{3} \;|\; \frac{17}{20} = 0{,}85$

$-1{,}34 < -\frac{4}{3} < -\frac{3}{4} < 0{,}7 < \frac{4}{5} < \frac{17}{20}$

d) $2{,}8 \;|\; -0{,}41 \;|\; -\frac{2}{5} = -0{,}4 \;|\; \frac{29}{10} = 2{,}9 \;|\; -\frac{9}{2} = -4{,}5 \;|\; 2{,}805$

$-\frac{9}{2} < -0{,}41 < -\frac{2}{5} < 2{,}8 < 2{,}805 < \frac{29}{10}$

15 ① a) $0{,}4 \cdot 650\text{ €} = 260\text{ €}$ b) $0{,}23 \cdot 40\text{ m} = 9{,}20\text{ m}$

② Gegeben: $p\,\% = 45\,\% = 0{,}45$; $W = 288\text{ m}$ Gesucht: G Formel: $G = \frac{W}{p\,\%}$

$G = \frac{288\text{ m}}{0{,}45} = 640\text{ m}$ Die gesamte Strecke ist 640 m lang.

③ a) $\frac{3\text{ kg}}{60\text{ kg}} = 0{,}05 = 5\,\%$ b) $\frac{12\text{ cm}}{120\text{ cm}} = 0{,}1 = 10\,\%$

④ a) $Z = 3\,200\text{ €} \cdot 0{,}005 = 16\text{ €}$ b) $Z = 560\text{ €} \cdot 0{,}012 = 6{,}72\text{ €}$

⑤ a) $0{,}035 \cdot 550\text{ €} = 19{,}25\text{ €}$ b) $550\text{ €} + 19{,}25\text{ €} = 569{,}25\text{ €}$

⑥ a) Restlicher Kaufpreis: $32\,000\text{ €} - 4\,000\text{ €} = 28\,000\text{ €}$
$0{,}08 \cdot 28\,000\text{ €} = 2\,240\text{ €}$
Der Rabatt beträgt 2 240 €.
b) Ersparnis $4\,000\text{ €} + 2\,240\text{ €} = 6\,240\text{ €}$
$\frac{6\,240\text{ €}}{32\,000\text{ €}} = 0{,}195 = 19{,}5\,\%$
Familie Özdemir spart 19,5 % vom Kaufpreis.

16

① Es sind immer mehrere Lösungsverfahren möglich. Abgebildet wird jeweils eine Lösung.

a) Lösung mit dem Gleichsetzungsverfahren

I. $x + 9y = -41$
II. $x - 4y = 24$

Ia. $x = -41 - 9y$
IIa. $x = 24 + 4y$

Ia. = IIa. $24 + 4y = -41 - 9y \quad |+9y - 24$
$13y = -65 \quad |:13$
III. $y = -5$

III. eingesetzt in II.: $x - 4 \cdot (-5) = 24$
$x + 20 = 24 \quad |-20$
$x = 4$

Lösung: $x = 4$ und $y = -5$

b) Lösung mit dem Einsetzungsverfahren

I. $x + 5y = 17$
II. $2x - 4y = 20$

Ia. $x = 17 - 5y$

Ia. in II. eingesetzt
$2 \cdot (17 - 5y) - 4y = 20$
$34 - 10y - 4y = 20 \quad |-34$
$-14y = -14 \quad |:(-14)$
III. $y = 1$

III. eingesetzt in I.: $x + 5 \cdot 1 = 17 \quad |-5$
$x = 12$

Lösung: $x = 12$ und $y = 1$

c) Lösung mit dem Additionsverfahren

I. $2x - 3y = 8$
II. $5x + 6y = 20$

Ia. $4x - 6y = 16$
II. $5x + 6y = 20$

Ia. + II.: $9x = 36 \quad |:9$
III. $x = 4$

III. eingesetzt in I.: $2 \cdot 4 - 3y = 8 \quad |-8$
$-3y = 0 \quad |:(-3)$
$y = 0$

Lösung: $x = 4$ und $y = 0$

d) Lösung mit dem Subtraktionsverfahren

I. $3x + 4y = 1$
II. $6x + 8y = 0$

Ia. $6x + 8y = 2$
II. $6x + 8y = 0$

Ia. – II. $0 = 2$

Dies ist jedoch für alle Wertepaare x und y falsch. Deshalb gibt es keine Lösungen.

② Gegeben: $p\,\% = 45\,\% = 0{,}45$; $W = 288$ m

x: Anzahl der kleinen Scheine (5 €-Scheine); y: Anzahl der größeren Scheine (10 €-Scheine)

I. $5x + 10y = 50$
II. $x = 3y$

II. eingesetzt in I.: $5 \cdot 3y + 10y = 50$
$25y = 50 \quad |:25$
III. $y = 2$

III. eingesetzt in II.: $x = 3 \cdot 2$
$x = 6$

Es sind zwei 10 €-Scheine und sechs 5 €-Scheine.

③ Lösung mit Gleichungen:

x = Preis der Flasche (in €); y = Preis des Korkens (in €)

I. $x + y = 1{,}1$
II. $x = y + 1$

II. eingesetzt in I.: $(y + 1) + y = 1{,}1$
$2y + 1 = 1{,}1 \quad |-1$
$2y = 0{,}1 \quad |:2$
III. $y = 0{,}05$

III. eingesetzt in II.: $x = 0{,}05 + 1 = 1{,}05$

Die Flasche kostet 1,05 € und der Korken 0,05 € (5 Cent).

④ a) I. $a + b = 43$
II. $a - b = 9$

I. + II. $2a = 52 \quad |:2$
III. $a = 26$

III. eingesetzt in I. $26 + b = 43 \quad |-26$
$b = 17$

Lösung: $a = 26$ und $b = 17$

16 b) I. $a + 12 = 3b$
II. $4b - 6a = 2$

Ia. $a = 3b - 12$

Ia. in II. eingesetzt:

$4b - 6(3b - 12) = 2$
$4b - 18b + 72 = 2$
$-14b + 72 = 2 \quad | -72$
$-14b = -70 \quad | : (-14)$

III. $b = 5$

III. in I. eingesetzt: $a + 12 = 15 \quad | -12$
$a = 3$

Lösung: $a = 3$ und $b = 5$

17 ① Eine Schülerin ist ungefähr 5 Zeitstunden pro Tag, 5 Tage in der Woche, 40 Wochen im Jahr und 10 Jahre in der Schule.
$5\,h \cdot 5 \cdot 40 \cdot 10 = 10\,000\,h$; $10\,000\,h = 10\,000 \cdot 60 \cdot 60\,s = 36\,000\,000\,s$
[x] 36 000 000 s muss angekreuzt werden.

② Ein 20-€-Schein ist 133 mm lang und 72 mm breit.
Flächeninhalt: $A = 133\,mm \cdot 72\,mm = 9576\,mm^2$
[x] 9576 mm^2 muss angekreuzt werden.

③ a) Es ist hilfreich, die gegebenen Größen in m^2 umzurechnen.
$72\,m^2$, $720\,dm^2 = 7{,}2\,m^2$, $720\,000\,mm^2 = 0{,}72\,m^2$, $7200\,cm^2 = 0{,}72\,m^2$
Weniger als 1 m^2 kann nicht zutreffend sein. 72 m^2 ist zu groß.
[x] 720 dm^2 muss angekreuzt werden.

b) Um die Mengen besser vergleichen zu können, rechnet man alle Angaben in die Einheit m^3 um:
$37\,hl = 3{,}7\,m^3$, $370\,000\,ml = 0{,}37\,m^3$, $0{,}037\,m^3$, $37\,000\,l = 37\,m^3$
3,7 m^3 oder gar 37 m^3 sind sicherlich zu viel; 0,037 m^3 sind gerade einmal 37 *l* und sicherlich zu wenig.
[x] 370 000 ml muss angekreuzt werden.

④ a) 35 cm = 350 mm b) 2,5 m^2 = 250 dm^2 c) 85 min = 5 100 s

⑤ a) 56 000 mm = 5 600 cm b) 5 050 m^2 = 50,5 a c) 150 min = 2,5 h

⑥ a) 500 g = 0,5 kg c) 25 ha = 250 000 m^2 e) 4 500 *l* = 4,5 m^3 g) 1,2 h = 72 min
b) 1,8 t = 1 800 kg d) 4 600 cm^2 = 0,46 m^2 f) 180 s = 3 min

18 ① [ ] 1 000 € – 19 € ist falsch, weil 19 % ein Anteil vom Grundwert ist und kein Geldbetrag.
[ ] 1 000 € – 190 € ist falsch, weil hier 19 % von 1 000 € = 190 € berechnet wurden. Damit wird von einem falschen Grundwert ausgegangen. Der richtige Grundwert ist der Preis **vor** dem Aufschlag der Mehrwertsteuer. Diesen nennt man auch Nettopreis.
[ ] 1 000 € : 0,19 ist falsch.
Um den Bruttopreis zu erhalten, wird die Mehrwertsteuer zum Nettopreis addiert. Hier gilt:
Nettopreis + Mehrwertsteuer = Nettopreis + (Nettopreis · 0,19) = Nettopreis · (1 + 0,19) = Nettopreis · 1,19 = 1000 €
Der richtige Ansatz zur Berechnung des Nettopreises (vor dem Aufschlag durch die Mehrwertsteuer) ist also:
[X] 1 000 € : 1,19

② a) Formel für Zelle D2: =B2*C2 c) Formel für Zelle E3: =B3/(A3–A2)*100
a), b)

	A	B	C	D	E
1	Kilometer	Liter	Preis pro Liter	Gesamtpreis	Verbrauch in Liter auf 100 km
2	35000	35,7	1,36 €	48,55 €	-------
3	35867	49,4	1,45 €	71,63 €	5,70
4	36422	29,4	1,28 €	37,63 €	5,30
5	37225	52,5	1,22 €	64,05 €	6,54

18 ③ Formeln: C3: =A3*B3 C7: =Summe(C3:C6) C8: =C7*1,19/100

19 ① a) $3x - 7 = 35 \quad | +7$
$3x = 42 \quad |:3$
$x = 14$

b) $9 - 4x = 13 \quad | -9$
$-4x = 4 \quad |:(-4)$
$x = -1$

c) $8 - (2x + 6) = 5x + 16$
$8 - 2x - 6 = 5x + 16$
$2 - 2x = 5x + 16 \quad | -2$
$-2x = 5x + 14 \quad | -5x$
$-7x = 14 \quad |:(-7)$
$x = -2$

d) $7(2 - 5)x) = (9 - x) \cdot 5 - 1$
$14 - 35x = 45 - 5x - 1$
$14 - 35x = 44 - 5x \quad | -14$
$-35x = 30 - 5x \quad | +5x$
$-30x = 30 \quad |:(-30)$
$x = -1$

② Preis für einen Stift: x €
$3 \cdot 1{,}25\,€ + 8{,}85\,€ + 8x = 16{,}04\,€$
$12{,}60\,€ + 8x = 16{,}04\,€ \quad |:-12{,}60\,€$
$8x = 3{,}44\,€ \quad |:8$
$x = 0{,}43\,€$
Ein Stift kostet 0,43 €.

③ a) $9x - 7 = 47 \quad | +7$
$9x = 54 \quad |:9$
$x = 6$

b) $\frac{x}{3} + 17 = 30 \quad | -17$
$\frac{x}{3} = 13 \quad | \cdot 3$
$x = 39 \quad | \cdot 3$

c) $8x - 9 = 6x + 3 \quad | +9$
$8x = 6x + 12 \quad | -6x$
$2x = 12 \quad |:2$
$x = 6$

④ (1) Preis der Kinokarte für eine Person: x
Preis für Getränke und Popcorn: 17 €
Gleichung: $5x + 17 = 57$. Passt.
(2) Preis für 1 Flasche Wein: x; Preis für 1 Flasche Sekt: y
Gleichung: $5x + 17y = 57$. Passt nicht.
(3) Hierzu lässt sich keine sinnvolle Gleichung aufstellen.
(4) Ladung des kleinen Lkw: x; Ladung des großen Lkw: 17
Gleichung: $5x + 17 = 57$. Passt.
(5) Länge des Rechtecks: x; Breite des Rechtecks: 5
Gleichung: $5x + 17 = 57$ Passt.

Funktionen (Übungsaufgaben)

20 ① Zuordnung (A) ist proportional, weil zum Doppelten der Ausgangsgröße das Doppelte der zugeordneten Größe gehört.
Zuordnung (B) ist nicht proportional, weil z. B. der Summe der beiden Ausgangsgrößen 2 und 3 nicht die Summe der jeweils zugeordneten Größen (1200 m + 1800 m = 3000 m) zugeordnet wird.

② a) Bei proportionalen Zuordnungen ist der **Quotient** aus Ausgangs- und Eingangsgröße stets gleich. Beim ersten Zahlenpaar beträgt dieser Quotient 4,5 : 1,5 = 3.
Also:

x	1,5	3
y	4,5	**9**

$3 \cdot 3$

b) Bei antiproportionalen Zuordnungen ist das **Produkt** aus Ausgangs- und Eingangsgröße stets gleich. Beim ersten Zahlenpaar beträgt dieses Produkt 20 · 7,5 = 150.
Also:

x	7,5	2,5
y	20	**60**

150 : 2,5

20

③ Es handelt sich um eine antiproportionale Zuordnung.
Wir lösen die Aufgabe mit dem Dreisatz:

	Anzahl	Länge (in cm)	
	20	12	
: 20	1	240	· 20
· 15	15	16	: 15

Du erhältst 15 Stücke, die jeweils 16 cm lang sind.

④ Es handelt sich um eine proportionale Zuordnung.
Wir lösen die Aufgabe mit dem Dreisatz:

	Weg (in km)	Zeit (in min)	
	16	40	
: 16	1	2,5	: 16
· 10	**10**	25	· 10
: 5	**2**	5	: 5
· 24	**48**	120	· 24

Das Schiff legt bei gleichbleibender Durchschnittsgeschwindigkeit in 25 Minuten 10 km zurück, in 5 Minuten 2 km und in 120 Minuten 48 km.

⑤ 1)
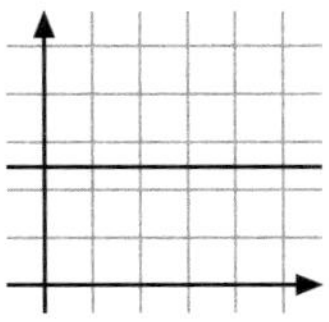
2)
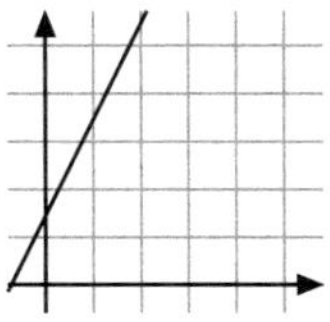
3)
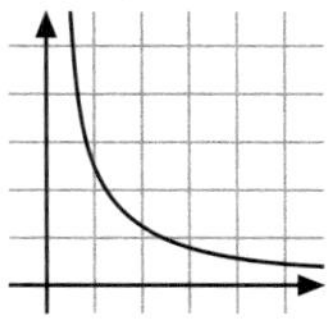
4)
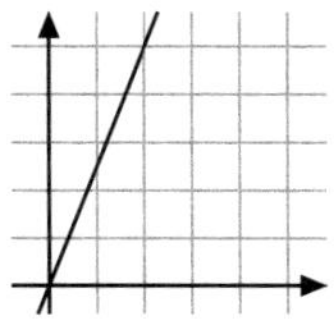

1: Die Kochzeit ist bei haushaltsüblichen Mengen unabhängig von der Anzahl der Eier; also handelt es sich um eine konstante Funktion.
2: Durch die 3 € Grundgebühr schneidet der Graph die y-Achse bei 3 und hat eine konstante Steigung; also handelt es sich um eine lineare, aber nicht proportionale Funktion.
3: Verdoppelt sich die durchschnittliche Geschwindigkeit, so halbiert sich die Fahrdauer und es gilt: durchschnittliche Geschwindigkeit (in $\frac{km}{h}$) · Fahrdauer (in h) = 10. Also handelt es sich um eine antiproportionale Funktion.
4: Da man für 0 kg Kartoffeln nichts bezahlen muss, geht der Graph der Funktion durch den Ursprung und wächst – wenn keine Mengenrabatte auf die Kartoffeln gegeben werden – dann mit konstanter Steigung; also handelt es sich um eine proportionale Funktion.

21

① **a)**
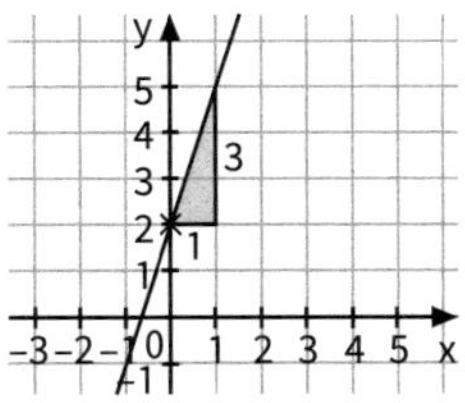

Der y-Achsenabschnitt ist 2,
die Steigung ist + 3.
Die zugehörige Funktionsgleichung lautet also: y = 3x + 2

b)
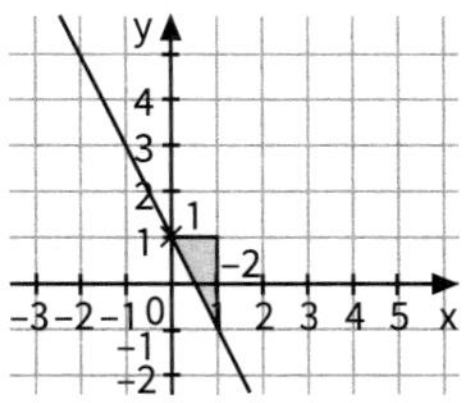

Der y-Achsenabschnitt ist 1,
die Steigung ist – 2.
Die zugehörige Funktionsgleichung lautet also: y = – 2x + 1

c)
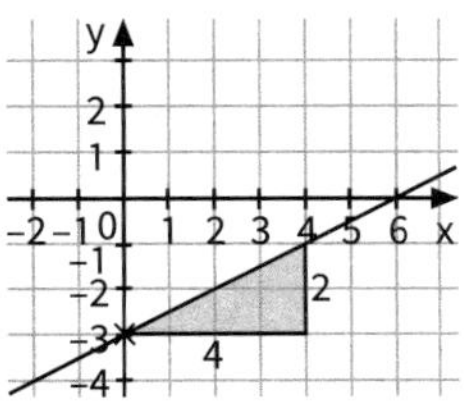

Der y-Achsenabschnitt ist – 3,
die Steigung ist + $\frac{1}{2}$.
Die zugehörige Funktionsgleichung lautet also: y = $\frac{1}{2}$x – 3

d)
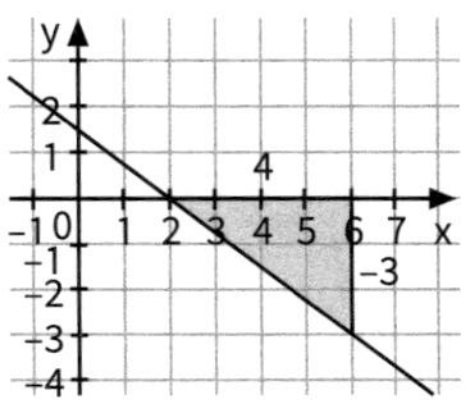

Der y-Achsenabschnitt ist 1,5. Die Steigung ist $-\frac{3}{4}$. Die zugehörige Funktionsgleichung lautet also:
y = $-\frac{3}{4}$x + 1,5

21

② 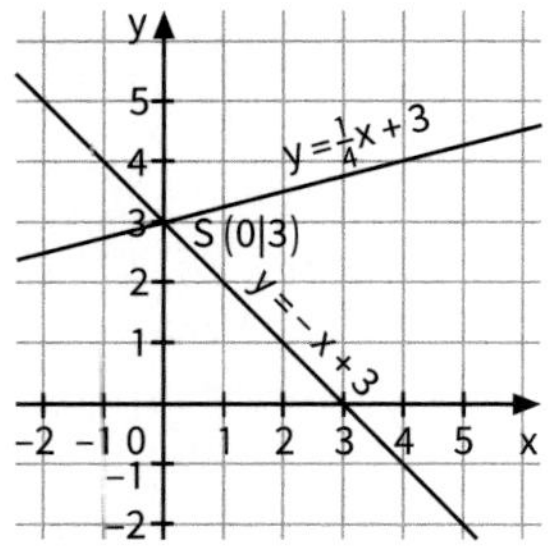

Die Koordinaten des Schnittpunkts S lauten: S (0 | 3)

③ *Zeichnerische Lösung:*

Wenn man die beiden Punkte A (– 2 | 5) und B (3 | 2,5) ins Koordinatensystem einzeichnet, kann man die Funktionsgleichung mithilfe des y-Achsenabschnitts und der Steigung bestimmen.

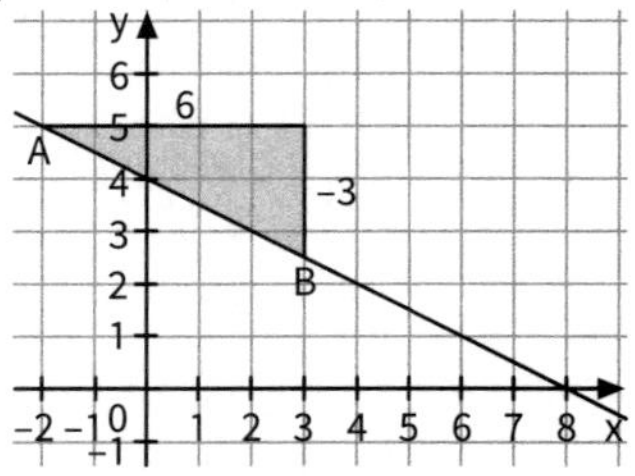

Aus der Darstellung im Koordinatensystem ist abzulesen:
Der y-Achsenabschnitt ist 4. Die Steigung ist $-\frac{1}{2}$. Die zugehörige Funktionsgleichung lautet also:
$y = -\frac{1}{2}x + 4$

Rechnerische Lösung:

Die Steigung m kann man berechnen, indem man den Unterschied der y-Werte geteilt durch den Unterschied der x-Werte der beiden Punkte A (– 2 | 5) und B (3 | 2,5) bestimmt.

$m = \frac{5 - 2{,}5}{-2 - 3} = \frac{2{,}5}{-5} = -\frac{1}{2}$

Der Funktionsterm lautet also: $y = -\frac{1}{2}x + n$.

Den y-Achsenabschnitt n kann man bestimmen, indem man die Koordinaten eines der beiden Punkte A oder B in die halbfertige Funktionsgleichung $y = -\frac{1}{2}x + n$ einsetzt und dann die Gleichung nach n auflöst.
Für den Punkt A (– 2 | 5) sieht das so aus:
$5 = -\frac{1}{2} \cdot (-2) + n$ | Zusammenfassen
$5 = 1 + n$ | – 1
$4 = n$
Die zugehörige Funktionsgleichung lautet also: $y = -\frac{1}{2}x + 4$.

④ a) Die Parabel f ist eine um 1 nach oben verschobene Normalparabel. Zu ihr gehört die Funktionsgleichung (1):
$y = x^2 + 1$.
Die Parabel g ist breiter als die Normalparabel und um 1 nach oben verschoben. Zu ihr gehört die Funktionsgleichung (3): $y = 2x^2 + 1$.
Die Parabel h ist nach oben geöffnet und breiter als die Normalparabel, also muss gelten $0 < |a| < 1$. Dazu passt nur die Funktionsgleichung (4): $y = 0{,}5x^2 - 2x - 4$.
Die Parabel k ist nach unten geöffnet. Dazu passt nur die Funktionsgleichung (2):
$y = -x^2 + 2x - 1$.

b) Die Scheitelpunkte der Parabeln mit den Gleichungen (1) bis (4) kann man aus dem Koordinatensystem ablesen.
$S_1(0|1)$ $S_2(1|0)$ $S_3(0|1)$ $S_4(2|-6)$

21 (5) a) Wertetabelle zu (1): $y = x^2 - 3$

x	−3	−2	−1	0	1	2	3
y	6	1	−2	−3	−2	1	6

Wertetabelle zu (2): $y = -x^2 + 2x - 6$

x	−3	−2	−1	0	1	2	3
y	−3	−6	−7	−6	−3	2	9

b) Mithilfe der Wertetabellen aus a) kannst du die Parabeln im Koordinatensystem skizzieren und anschließend die Scheitelpunkte ablesen.

$S_1(0|-3)$
$S_2(1|-5)$

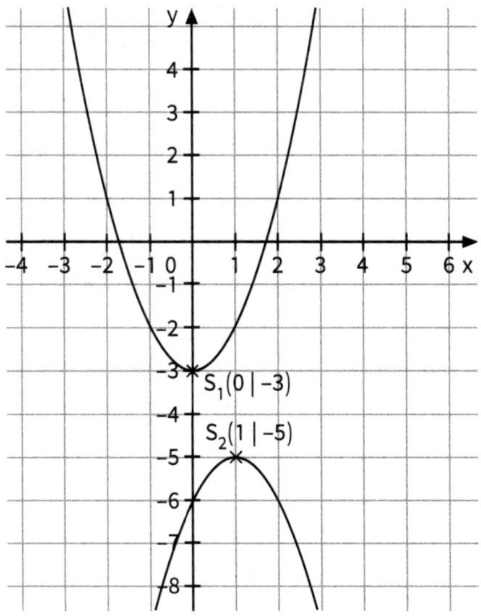

22 (1) a) Um die gesuchte Scheitelpunktform aufzustellen, notiert man erstmal alle gegebenen Werte.
Aus $S(2|-3)$ folgt: $d = 2$ und $e = -3$. Zudem ist der Faktor a gegeben: $a = 0{,}5$
Diese Werte setzt man in die Scheitelpunktform ein:
$f(x) = 0{,}5\,(x-2)^2 - 3$
Die allgemeine Form der quadratischen Funktion erhäl man dann, indem man die Gleichung umformt:
$f(x) = 0{,}5\,(x-2)^2 - 3$ | bin. Formel anwenden
$f(x) = 0{,}5\,(x^2 - 4x + 4) - 3$ | Ausmultiplizieren
$f(x) = 0{,}5\,x^2 - 2\,x + 2 - 3$ | Zusammenfassen
$f(x) = 0{,}5\,x^2 - 2\,x - 1$

(2) a) $y = x^2 + 4x + 1$ | quadratische Ergänzung
$y = x^2 + 4x + 2^2 - 2^2 + 1$ | erste bin. Formel
$y = (x+2)^2 - 2^2 + 1$ | Zusammenfassen
$y = (x+2)^2 - 3$
Scheitelpunkt: $S(-2|-3)$

b) $y = 2x^2 - 20x + 2$ | Ausklammern
$y = 2(x^2 - 10x + 1)$ | quadratische Ergänzung
$y = 2(x^2 - 10x + 5^2 - 5^2 + 1)$ | zweite bin. Formel
$y = 2((x-5)^2 - 5^2 + 1)$ | Zusammenfassen
$y = 2((x-5)^2 - 24)$ | teilweise Ausmultiplizieren
$y = 2(x-5)^2 - 48$
Scheitelpunkt: $S(5|-48)$

c) $y = -0{,}5x^2 + 8x + 4$ | Ausklammern
$y = -0{,}5(x^2 - 16\,x - 8)$ | quadratische Ergänzung
$y = -0{,}5(x^2 - 16x + 8^2 - 8^2 - 8)$ | zweite bin. Formel
$y = -0{,}5((x-8)^2 - 8^2 - 8)$ | Zusammenfassen
$y = -0{,}5((x-8)^2 - 72)$ | teilweise Ausmultiplizieren
$y = -0{,}5(x-8)^2 + 36$
Scheitelpunkt: $S(8|36)$

22

d) $y = -4x^2 - 12x + 2$ | Ausklammern
$y = -4(x^2 + 3\,x - 0{,}5)$ | quadratische Ergänzung
$y = -4(x^2 + 3x + 1{,}5^2 - 1{,}5^2 - 0{,}5)$ | erste bin. Formel
$y = -4(x^2 + 1{,}5)^2 - 1{,}5^2 - 0{,}5)$ | Zusammenfassen
$y = -4((x - 8)^2 - 2{,}75)$ | teilweise Ausmultiplizieren
$y = -4(x - 8)^2 + 11$
Scheitelpunkt: $S(-1{,}5\,|\,11)$

③ a) Aus der Scheitelpunktform $f(x) = a\,(x - d)^2 + e$ kann man die Koordinaten des Scheitelpunkts der zugehörigen Parabel direkt ablesen: $S(d\,|\,e)$
Die Parabel mit der Gleichung $f(x) = -1{,}5\,(x + 4)^2 + 8$ hat also den Scheitelpunkt $S(-4\,|\,8)$.

b) So kann man die Parabel mit der Gleichung $f(x) = -1{,}5\,(x + 4)^2 + 8$ aus der Normalparabel gewinnen:
- Man streckt die Normalparabel mit dem Faktor $a = -1{,}5$.
- Die entstandene Parabel ist eine nach unten geöffnete, gegenüber der Normalparabel gestauchte (breitere) Parabel.
- Da $d = -4$ und $e = 8$ gilt, muss man nun noch den Scheitelpunkt der Parabel um 4 Einheiten entlang der x-Achse nach links und um 8 Einheiten entlang der y-Achse nach oben verschieben.

c) $f(x) = -1{,}5\,(x + 4)^2 + 8$ | erste bin. Formel anwenden
$f(x) = -1{,}5\,(x^2 + 8x + 16) + 8$ | Ausmultiplizieren
$f(x) = -1{,}5\,x^2 - 12x - 24 + 8$ | Zusammenfassen
$f(x) = -1{,}5\,x^2 - 12x - 16$

④ Falls Lukas recht hat, müssten sich alle drei Gleichungen durch Umformungen auf dieselbe Form bringen lassen.
(1) $f(x) = (x - 1{,}5)^2 - 20{,}25$ | zweite bin. Formel anwenden
$f(x) = x^2 - 3x + 2{,}25 - 20{,}25$ | Zusammenfassen
$f(x) = x^2 - 3x - 18$
Damit gilt also: $f(x) = g(x)$
(3) $h(x) = (x + 3) \cdot (x - 6)$ | Ausmultiplizieren
$h(x) = x^2 - 6x + 3x - 18$ | Zusammenfassen
$h(x) = x^2 - 3x - 18$
Damit gilt also: $h(x) = g(x)$
Insgesamt folgt dann: $f(x) = g(x) = h(x)$. Lukas hat also recht.

⑤ a) $y = (x - 2)^2 - 1$ $S(2\,|-1)$
$(x - 2)^2 - 1 = 0$
$(x - 2)^2 = 1$
$x - 2 = 1$ oder $x - 2 = -1$
$x_1 = 3$ $x_2 = 1$

b) $y = (x + 4)^2 - 16$ $S(-4\,|-16)$
$(x + 4)^2 - 16 = 0$
$(x + 4)^2 = 16$
$x + 4 = 4$ oder $x + 4 = -4$
$x_1 = 0$ $x_2 = -8$

c) $y = 0{,}5(x + 4)^2 - 8$ $S(-4\,|-8)$
$0{,}5(x^2 + 8x + 16) - 8 = 0$
$0{,}5\,x^2 + 4x + 8 - 8 = 0$
$0{,}5\,x^2 + 4x = 0$
$x^2 + \frac{4x}{0{,}5} = 0$
$x^2 + 8x = 0$
$x^2 + 8x + 16 - 16 = 0$
$(x + 4)^2 = 16$
$x + 4 = 4$ oder $x + 4 = -4$
$x_1 = 0$ $x^2 = -8$

d) $y = -2{,}5(x + 1)^2 + 10$ $S(-1\,|\,10)$
$-2{,}5(x^2 + 2x + 1) + 10 = 0$
$-2{,}5\,x^2 - 5x - 2{,}5 + 10 = 0$
$-2{,}5\,x^2 - 5x + 7{,}5 = 0$
$x^2 + \frac{5x}{2{,}5} - 3 = 0$
$x^2 + 2x + 1 - 1 - 3 = 0$
$(x + 1)^2 - 4 = 0$
$(x + 1)^2 = 4$
$x + 1 = \sqrt{4}$ oder $x + 1 = -\sqrt{4}$
$x_1 = 1$ $x_2 = -3$

23

① Bei der Sachsituation (A) wird für die Endreinigung 30 € verlangt, dazu passt der Graph g, der den y-Achsenabschnitt von 30 hat.
Bei der Sachsituation (B) handelt es sich um eine proportionale Zuordnung, da der doppelten Anzahl von Reisenden der doppelte Preis zugeordnet wird. Hierzu passt der Graph h, der im Ursprung beginnt.

23 ② a) Der Graph schneidet die y-Achse an der Stelle 100.
Am Anfang sind 100 kg Futter vorhanden.
b) Der Graph schneidet die x-Achse an der Stelle 20.
Nach 20 Tagen ist das Futter aufgebraucht.
c) Bei der Funktionsgleichung y = mx + n steht n für den y-Achsenabschnitt und m für die Steigung.
Aus a) ist bekannt: n = 100
Aus c) kann man folgern: m = – 5
Die Funktionsgleichung lautet also: y = – 5x + 100

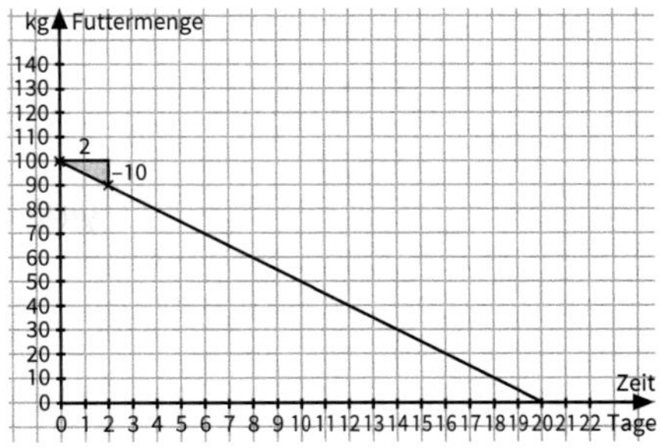

③ *1. Schritt:*
Um die Graphen der beiden linearen Funktionen in ein Koordinatensystem einzuzeichnen, kann man aus den Funktionsgleichungen den y-Achsenabschnitt und die Steigung ablesen:
Bei y = – 3x + 4 ist der y-Achsenabschnitt 4 und die Steigung – 3.
Bei y = 4x – 3 ist der y-Achsenabschnitt – 3 und die Steigung 4.

2. Schritt:
Dann stellt man die Steigungen als Bruch dar.

Bei y = – 3x + 4: $m = -3 = \frac{-3}{1}$
Bei y = 4x – 3: $m = 4 = \frac{4}{1}$

3. Schritt:
Markiere jeweils den y-Achsenabschnitt und trage von dem markierten Punkt die zugehörige Steigung ab.
Bei y = – 3x + 4: Gehe vom Punkt P (0 | 4) um 1 nach rechts und um 3 nach unten. Verbinde dann diesen Punkt mit dem Punkt P durch eine Gerade.
Bei y = 4x – 3: Gehe vom Punkt Q (0 | – 3) um 1 nach rechts und um 4 nach oben. Verbinde dann diesen Punkt mit dem Punkt Q durch eine Gerade.
Den Schnittpunkt der beiden Graphen kannst du aus dem Koordinatensystem ablesen: S(1 |1)

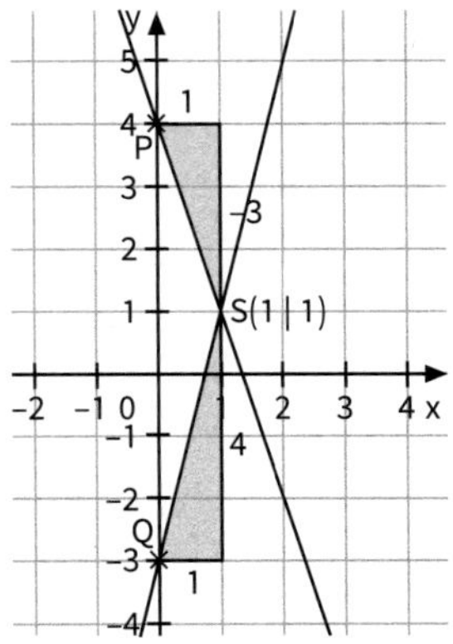

24 ①

Stunde	0	1	2	3	4
Anzahl	20 000	20 800	21 632	22 497	23 397

· 1,04 · 1,04 · 1,04 · 1,04

ganzzahlig abgerundet

Nach 4 Stunden ist die Anzahl der Bakterien auf 23 397 angestiegen.

② a) Man berechnet den Wachstumsfaktor q so: $5 \cdot q = 3$
$q = \frac{3}{5} = \frac{6}{10} = 0{,}6$

x	20	19	18	17
y	5	3	3 · 0,6 = 1,8	1,8 · 0,6 = 1,08

b) Man berechnet den Wachstumsfaktor q so: $12 \cdot q = 18$
$q = \frac{18}{12} = \frac{3}{1} = 1{,}5$

x	1	2	3	4
y	12 : 1,5 = **8**	12	18	18 · 1,5 = **27**

③ G = 12 000 $q = 1 - 2\,\% = 1 - \frac{2}{100} = 0{,}98$ n = 8
Mit dem Term 12 000 · 0,988 wird berechnet, wie viele Einwohner nach 8 Jahren noch in der Kleinstadt leben, wenn in dieser Zeit pro Jahr etwa 2 % in die Großstadt ziehen.

24 ④ Guthaben am 18. Geburtstag: $G_{18} = G \cdot q^{18} = 2\,000\ € \cdot 1{,}025^{18} \approx 3119{,}32\ €$

⑤ $G = 50\ m^2$ (die Hälfte des $100\ m^2$ großen Sees) $q = 1{,}05$ $n = ?$
Du kannst die Lösung durch Schätzen und systematisches Probieren finden.
Für $n = 10$ ist $G_{10} = 50 \cdot 1{,}0510 \cdot 81{,}44$ (zu wenig)
Für $n = 20$ ist $G_{20} = 50 \cdot 1{,}0520 \approx 132{,}66$ (zu viel)
Für $n = 15$ ist $G_{15} = 50 \cdot 1{,}0515 \approx 103{,}95$ (zu viel)
Für $n = 14$ ist $G_{14} = 50 \cdot 1{,}0514 \approx 99$ (zu wenig)
Nach etwa 15 Monaten ist der gesamte See von Seerosen bedeckt.

Geometrie (Übungsaufgaben)

25 ① Da jede Seite doppelt vorkommt, muss gelten: $a + b = 9$ cm.

Breite	1 cm	2 cm	3 cm	4 cm
Länge	8 cm	7 cm	6 cm	5 cm

② a) $A = 32\ m \cdot 24\ m = 768\ m^2$
b) Der Grundstückspreis P berechnet sich so: $P = 768\ m^2 \cdot 75\ \frac{€}{m^2}$
$P = 57\,600\ €$

③ $a = 7$ cm; $b = 10$ cm (7 cm + 3 cm)
$A = 7\ cm \cdot 10\ cm = 70\ cm^2$ $u = 2 \cdot 7\ cm + 2 \cdot 10\ cm = 34\ cm$

④ a) In der Vorstellung geht man einmal um den Bolzplatz und addiert dabei die Längen aller Seiten. Das ist der Umfang des Rechtecks: $u = 2 \cdot 25\ m + 2 \cdot 45\ m = 140\ m$
Davon werden noch $3 \cdot 1\ m = 3\ m$ wegen der drei Türen abgezogen. Es werden also 137 m Zaun gebraucht.
b) Gesucht ist der Flächeninhalt des rechteckigen Bolzplatzes A_B.
$A_B = 25\ m \cdot 45\ m = 1\,125\ m^2$
Es werden $1\,125\ m^2$ Bodenbelag gebraucht.
c) Man kann den Flächeninhalt A_F des alten Fußballplatzes berechnen (das große Rechteck in der Zeichnung) und davon den Flächeninhalt A_B des Bolzplatzes (blaues kleines Rechteck) abziehen.
$A_F = 45\ m \cdot 70\ m = 3\,150\ m^2$
$A_F - A_B = 3\,150\ m^2 - 1\,125\ m^2 = 2\,025\ m^2$
Für $800\ m^2$ braucht man 25 kg Rasensamen.
$\frac{2\,025\ m^2}{800\ m^2} \approx 2{,}5$
Für den neuen Platz müssen drei Säcke Rasensamen gekauft werden.

①

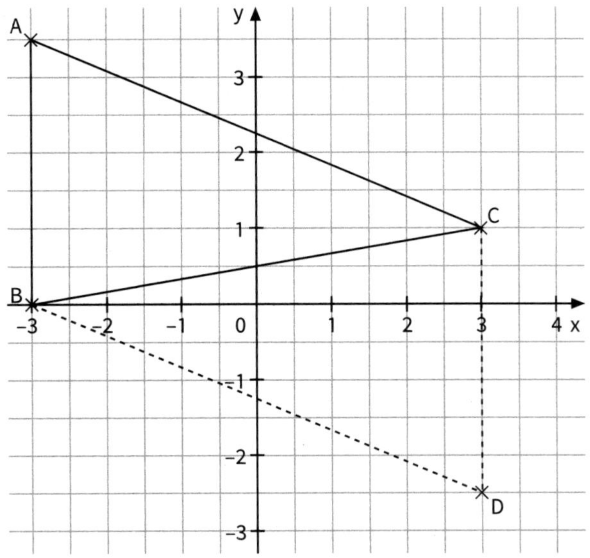

a) Geeignet ist $c = \overline{AB}$ als Grundseite und h_c als zugehörige Höhe.
$c = 3{,}5\ \text{cm}$, $h_c = 6\ \text{cm}$

$$A = \frac{3{,}5\ \text{cm} \cdot 6\ \text{cm}}{2} = 10{,}5\ \text{cm}^2$$

b) D (3 | −2,5)
Es gibt weitere Lösungen:
D (3 | 4,5) oder D (−9 | 2,5).

c) Das Parallelogramm ABDC hat den doppelten Flächeninhalt des Dreiecks ABC: $A = 21\ \text{cm}^2$.

②

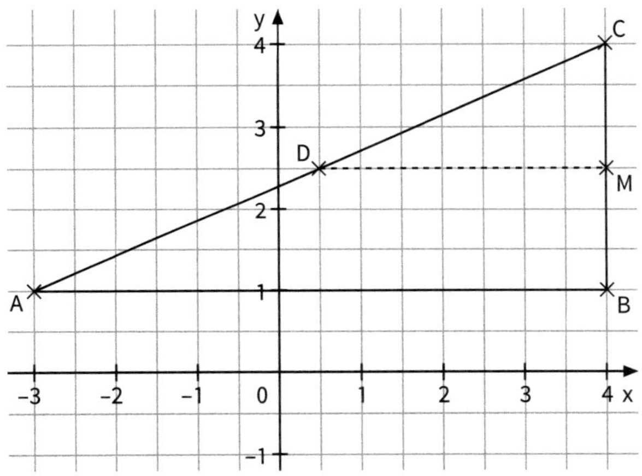

a) $g = 7\ \text{cm}$; $h = 3\ \text{cm} \rightarrow A_\Delta = \frac{7\ \text{cm} \cdot 3\ \text{cm}}{2} = 10{,}5\ \text{cm}^2$

b) M (4 | 2,5)

c) Das Viereck ABMD ist ein Trapez.

$$A_T = \frac{a + c}{2} \cdot h$$

$$A_T = \frac{7\ \text{cm} + 3{,}5\ \text{cm}}{2} \cdot 1{,}5\ \text{cm} \qquad A_T = 7{,}875\ \text{cm}^2$$

③ a) Der Spiegelpunkt von C ist im Rahmen der Ablesegenauigkeit C′(1,5 | −4).

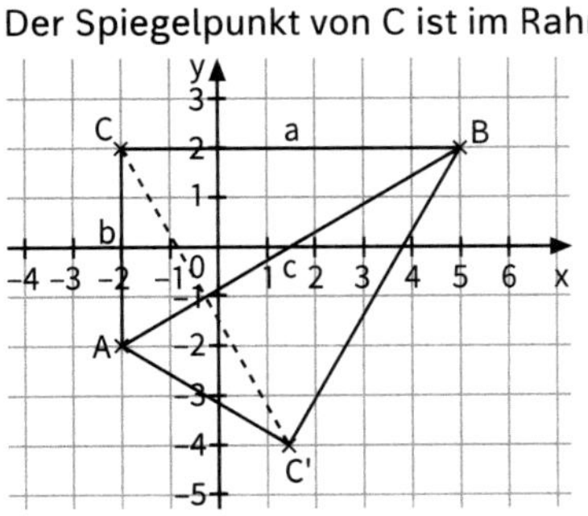

b) Das Viereck AC′BC ist ein Drachenviereck. Sein Umfang ist $u = 2 \cdot (a + b)$.
$u = 2 \cdot (7\ \text{cm} + 4\ \text{cm}) = 2 \cdot 11\ \text{cm} = 22\ \text{cm}$
Die Fläche des Drachenvierecks ist doppelt so groß wie die Fläche des Dreiecks ABC:

$$A = 2 \cdot \left(\frac{7\ \text{cm} \cdot 4\ \text{cm}}{2}\right) = 28\ \text{cm}^2$$

27

① Da 1 l = 1 dm^3 gilt, rechnet man am besten in der Einheit dm.
Die Wasserhöhe beträgt: 6 dm (Aquariumhöhe) – 0,5 dm = 5,5 dm.
$V = 8\ dm \cdot 4{,}5\ dm \cdot 5{,}5\ dm$
$V = 198\ dm^3 = 198\ l$ Es befinden sich 198 l Wasser im Aquarium.

② Der Quader ist 8 cm lang, 6 cm breit und 20 mm hoch (= 2 cm).
Volumen V = Länge · Breite · Höhe; $V = 8\ cm \cdot 6\ cm \cdot 2\ cm = 96\ cm^3$
Für den Oberflächeninhalt eines Quaders gilt die Formel $O = 2 \cdot (ab + ac + bc)$, wobei a die Länge, b die Breite und c die Höhe ist. Hieraus ergibt sich:
$O = 2 \cdot (8\ cm \cdot 6\ cm + 8\ cm \cdot 2\ cm + 6\ cm \cdot 2\ cm) = 2 \cdot (48\ cm^2 + 16\ cm^2 + 12\ cm^2) = 152\ cm^2$

③ Für das Volumen eines Quaders gilt $V = a \cdot b \cdot c$. Vor dem Einsetzen in die Formel werden alle Längenangaben auf eine gemeinsame Einheit (hier: cm) umgerechnet: a = 0,7 m = 70 cm, b = 20 cm und c = 30 mm = 3 cm.
$V = 70\ cm \cdot 20\ cm \cdot 3\ cm = 4\,200\ cm^3$

④ Das Schwimmbecken ist 8 · 1,50 m, also 12 m breit.
Für das Volumen des Wassers gilt die Formel (hier ist h die Wassertiefe):
$25\ m \cdot 12\ m \cdot h = 750\ m^3$
$300\ m^2 \cdot h = 750\ m^3 \quad |: 300\ m^2$
$h = \frac{750\ m^3}{300\ m^2}$
$h = 2{,}5\ m$ Das Schwimmbecken ist 2,50 m tief.

⑤ Hier gibt es verschiedene Lösungswege, z. B.:

(1) Man findet die Lösung durch systematisches Probieren:

Breite	Länge	Höhe	Volumen
1 cm	2 cm	3 cm	6 cm^3
2 cm	4 cm	6 cm	48 cm^3

(2) Man kann die Breite x nennen, dann beschreiben die Terme 2x die Länge und 3x die Höhe und es gilt die Gleichung:
$x \cdot 2x \cdot 3x = 48$
$6x^3 = 48 \quad |:6$
$x^3 = 8 \quad |\sqrt[3]{\ }$
$x = 2$ Der Quader ist 2 cm breit.

⑥ a) $V = 4\ m \cdot 2{,}5\ m \cdot 1{,}8\ m = 18\ m^3$ Es mussten 18 m^3 Erde ausgehoben werden.
b) $m = 18\ m^3 \cdot 1\,700\ \frac{kg}{m^3} = 30\,600\ kg = 30{,}6\ t$ Die Masse des Erdaushubs beträgt 30,6 t.

28

① Für den Umfang eines Kreises gilt die Formel $u = 2\pi \cdot r$. Hier: $u = 2\pi \cdot 9{,}15\ m \approx 57{,}49\ m$.
Für den Flächeninhalt eines Kreises gilt: $A = \pi \cdot r^2$. Hier: $A = \pi \cdot (9{,}15\ m)^2 \approx 263{,}02\ m^2$

② a) Ein Reifen hat einen Durchmesser von d = 26 · 2,54 cm = 66,04 cm.
Für den Umfang gilt die Formel:
$u = \pi \cdot d$; $u = \pi \cdot 66{,}04\ cm \approx 207{,}5\ cm = 2{,}075\ m$
b) Der Schulweg ist 4 600 m lang, der Umfang des Reifens beträgt u = 2,075 m.
$4\,600\ m : 2{,}075\ m \approx 2\,217$
Bis zur Schule dreht sich jeder Reifen ungefähr 2 217-mal.

28

③ a) Für die Zeichnung wird der Umfang benötigt.

$u = 2\pi \cdot r$

$u = 2\pi \cdot 1\ \text{cm}$

$u = 6{,}28\ \text{cm} \approx 6{,}3\ \text{cm}$

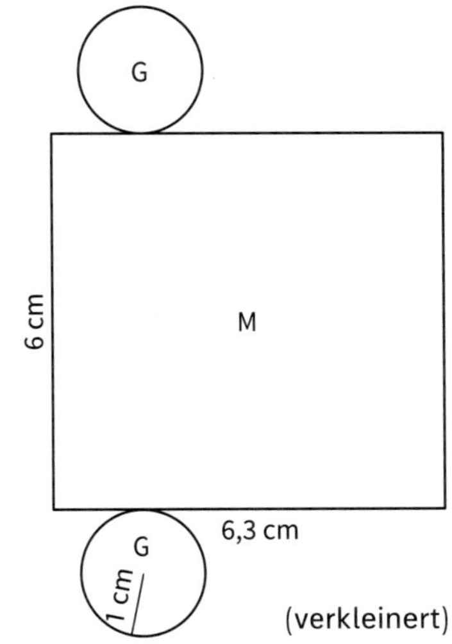

b) Der Mantel ist ein Rechteck (siehe Abbildung).
Seine Länge entspricht dem Kreisumfang.

$M = 2\pi \cdot r \cdot h$

$M = 2\pi \cdot 1\ \text{cm} \cdot 6\ \text{cm}$

$M \approx 37{,}7\ \text{cm}^2$

$O = 2G + M$ $\quad O = 2\ \pi r^2 + M$

$O \approx 2\pi \cdot (1\ \text{cm})^2 + 37{,}7\ \text{cm}^2$ $\quad O \approx 44{,}0\ \text{cm}^2$

c) Wegen $1\ l = 1\ \text{dm}^3$ wird bei dieser Volumenberechnung mit der Einheit „dm" gearbeitet.

$r = 0{,}1\ \text{dm}$; $\quad h = 0{,}6\ \text{dm}$

$V = \pi r^2 h$ $\quad V = \pi \cdot (0{,}1\ \text{dm})^2 \cdot 0{,}6\ \text{dm}$

$V \approx 0{,}02\ \text{dm}^3$, also $V \approx 0{,}02\ l$

④ Der Umfang der kreisförmigen Grundfläche beträgt 1,5 dm = 15 cm.

$u = \pi \cdot d$

$d = \frac{u}{\pi}$

$d = \frac{15\ \text{cm}}{\pi} \approx 4{,}78\ \text{cm}$ $\quad r \approx 2{,}39\ \text{cm}$

$V = \pi r^2 h$ $\quad V = \pi \cdot (2{,}39\ \text{cm})^2 \cdot 8\ \text{cm}$ $\quad V \approx 143{,}56\ \text{cm}^3$

⑤ a) Die Bodenfläche (Grundfläche) ist ein Kreis mit dem Durchmesser d = 3,05 m und dem Radius

$r = \frac{d}{2} = 1{,}525$ m. Für den Flächeninhalt gilt: $\quad G = \pi \cdot r^2$ $\quad G = \pi \cdot (1{,}525\ \text{m})^2 \approx 7{,}31\ \text{m}^2$

b) Die Wassertiefe beträgt 70 cm = 0,7 m $\quad$ (= 76 cm – 6 cm).

Volumen $V = G \cdot h$ $\quad V = 7{,}31\ \text{m}^2 \cdot 0{,}7\ \text{m} \approx 5{,}11\ \text{m}^3$; Kosten: 5,11 · 1,68 € ≈ 8,59 €

Eine Poolfüllung kostet damit ungefähr 8,60 €.

⑥ a) $1\,000\ \text{ml} = 1\,000\ \text{cm}^3$

Bei dieser Volumenberechnung wird deshalb mit der Einheit „cm" gearbeitet.

$r = 10{,}4\ \text{cm} : 2 = 5{,}2\ \text{cm}$; $h = 12\ \text{cm}$

$V = \pi r^2 h$ $\quad V = \pi \cdot (5{,}2\ \text{cm})^2 \cdot 12\ \text{cm}$ $\quad V \approx 1\,019\ \text{cm}^3$

1 000 ml passen in die Dose.

b) Da der Papierbedarf in „m²" angegeben werden soll, wird mit der Einheit „m" gerechnet.
Die Banderole entspricht dem Mantel der zylinderförmigen Dose.

$M = 2\pi \cdot r \cdot h = \pi \cdot d \cdot h$

$M = \pi \cdot 0{,}104\ \text{m} \cdot 0{,}12\ \text{m} \approx 0{,}0392\ \text{m}^2$

$50\,000 \cdot M = 1\,960\ \text{m}^2$

Es werden ungefähr 2 000 m² Papier benötigt.

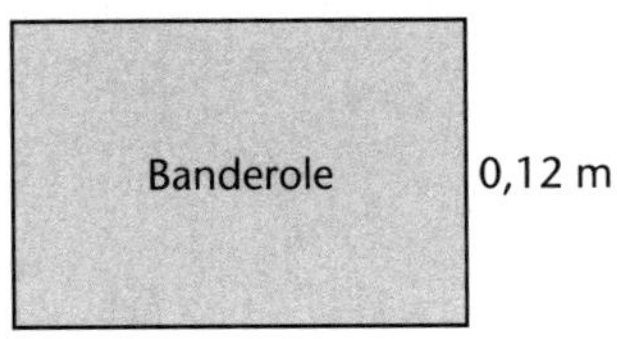

29

① a) Nach dem Strahlensatz gilt: $\frac{x}{3} = \frac{2{,}2}{2{,}2 + 1{,}9}$, also $x = 3 \cdot \frac{2{,}2}{4{,}1} \approx 1{,}6$

b) Das Verhältnis entsprechender Streckenabschnitte ist gleich:

$\frac{x}{1{,}5} = \frac{2}{1{,}3}$ $\quad | \cdot 1{,}5$

$x = \frac{2 \cdot 1{,}5}{1{,}3} \approx 2{,}31$

29

② Höhe des Hauses: $h = x + 1{,}75\ \text{m}$

Berechnung der Länge x mit dem Strahlensatz:

$x : 1{,}25 = 12{,}4 : 1{,}8 \quad | \cdot 1{,}25$

$x = \frac{12{,}4\ \text{m} \cdot 1{,}25\ \text{m}}{1{,}8\ \text{m}}$

$x \approx 8{,}60\ \text{m}$

$h = 8{,}60\ \text{m} + 1{,}75\ \text{m} = 10{,}35\ \text{m}$

Das Haus ist ungefähr 10,35 m hoch.

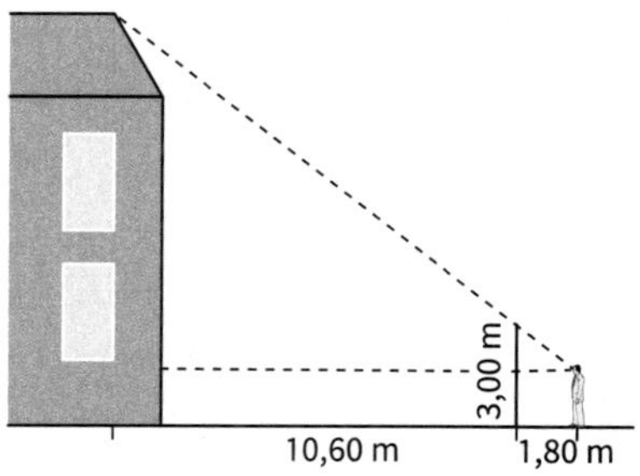

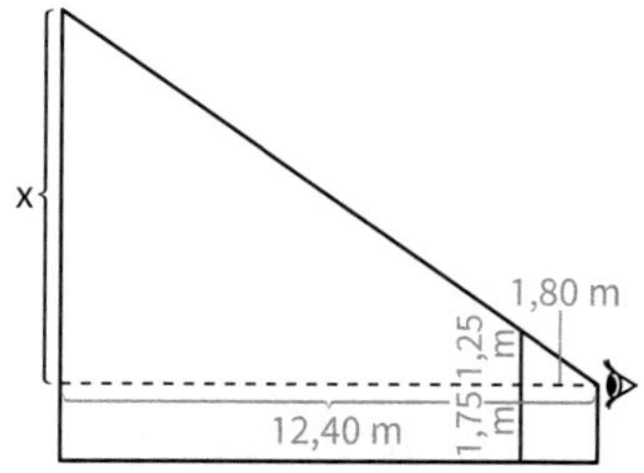

③ Da die beiden Seiten $\overline{XY}$ und $\overline{VW}$ parallel zueinander sind, kann man den Strahlensatz anwenden. Dieser besagt, dass das Verhältnis der beiden Seitenlängen $\overline{UX}$ und $\overline{UV}$ gleich dem Verhältnis der beiden Seitenlängen $\overline{XY}$ und $\overline{VW}$ ist. Aus der Gleichung $\frac{1}{3}\overline{UX} = \overline{UV}$ erkennt man, dass $\overline{UX}$ dreimal so lang ist wie $\overline{UV}$. Also muss auch $\overline{XY}$ dreimal so lang sein wie $\overline{VW}$; also gilt: $3 \cdot \overline{VW} = \overline{XY}$.

④ Größe von Sebastian: x

Berechnung von x mit dem Strahlensatz:

$\frac{x}{1{,}45\ \text{m}} = \frac{1{,}50\ \text{m}}{1{,}20\ \text{m}} \quad | \cdot 1{,}45\ \text{m}$

$x = \frac{1{,}50\ \text{m} \cdot 1{,}45\ \text{m}}{1{,}20\ \text{m}}$

$x \approx 1{,}81\ \text{m}$

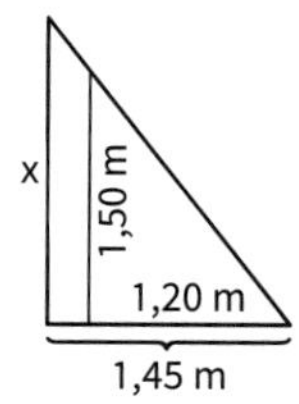

30

① a) b und c sind die Katheten, weil sie den rechten Winkel einschließen. a liegt ihm gegenüber, ist also die Hypotenuse: $b^2 + c^2 = a^2$

$(2\ \text{cm})^2 + (3{,}5\ \text{cm})^2 = a^2$

$a^2 = 16{,}25\ \text{cm}$

$a \approx 4{,}03\ \text{cm}$

b) r ist die Hypotenuse, p und q sind die Katheten: $p^2 + q^2 = r^2$

$(4{,}2\ \text{m})^2 + q^2 = (7{,}5\ \text{m})^2$

$q^2 = (7{,}5\ \text{m})^2 - (4{,}2\ \text{m})^2$

$q^2 = 38{,}61\ \text{m}^2$

$q \approx 6{,}21\ \text{m}$

② Wenn $a^2 + b^2 = c^2$, dann ist das Dreieck rechtwinklig (Umkehrung des Satzes von Pythagoras). Dies ist hier der Fall, da:

$a^2 + b^2 = (5\ \text{cm})^2 + (12\ \text{cm})^2 = 25\ \text{cm}^2 + 144\ \text{cm}^2 = 169\ \text{cm}^2$

$c^2 = (13\ \text{cm}]^2 = 169\ \text{cm}^2$

③ a) D(9 | −1)

b) Die Diagonalen teilen die Raute in vier rechtwinklige Dreiecke. Nach dem Satz des Pythagoras gilt z. B. für die Länge der Seite $\overline{AB}$:

$(\overline{AB})^2 = (4\ \text{cm})^2 + (3\ \text{cm})^2$

$= 16\ \text{cm}^2 + 9\ \text{cm}^2$

$= 25\ \text{cm}^2$

$\overline{AB} = 5\ \text{cm}$

Umfang $u = 4 \cdot 5\ \text{cm} = 20\ \text{cm}$

Flächeninhalt: $A = 4 \cdot \frac{4\ \text{cm} \cdot 3\ \text{cm}}{2} = 2 \cdot 12\ \text{cm}^2 = 24\ \text{cm}^2$

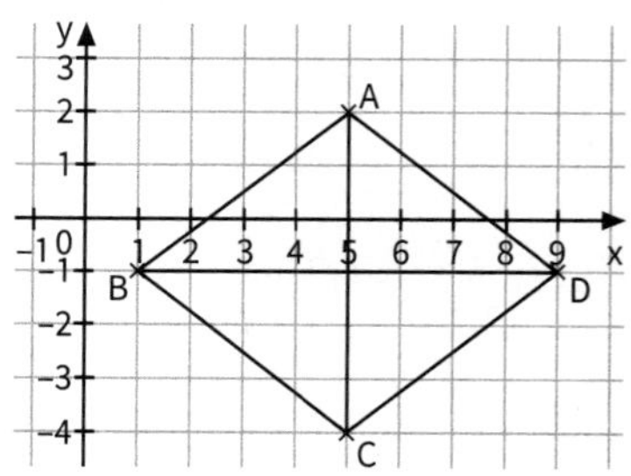

30 ④

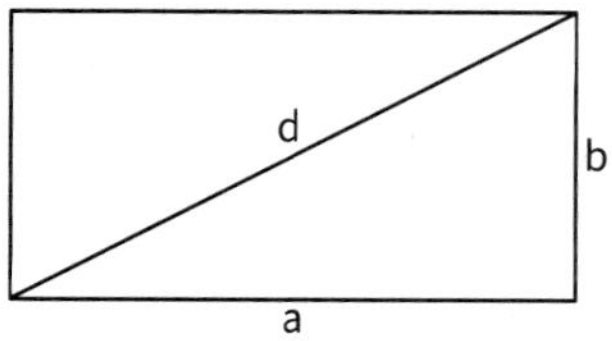

Die Länge der Diagonalen d wird mit dem Satz des Pythagoras bestimmt.

$a^2 + b^2 = d^2$, also: $d = \sqrt{a^2 + b^2}$

$d = \sqrt{121{,}2^2 + 68{,}2^2}\ \text{cm} \approx 139{,}07\ \text{cm}$

Die Bildschirmdiagonale ist ungefähr 139 cm lang, das sind (139,07 : 2,54) Zoll ≈ 55 Zoll.

⑤ Der Koffer ist 58 cm lang und 38 cm breit. Die Diagonale dieses Rechtecks wird mit $d = \sqrt{a^2 + b^2}$ berechnet.
$d = \sqrt{(58\ \text{cm})^2 + (38\ \text{cm})^2} \approx 69{,}3\ \text{cm} < 70\ \text{cm}$
Man kann die Stöcke nicht flach in den Koffer legen. Evtl. könnte man sie entlang der Raumdiagonalen legen, aber dann wird es schwer, die restlichen Sachen in den Koffer zu packen. Lara sollte einen anderen Koffer wählen.

31 ①

	Größe	Begründung
α	50°	Nebenwinkel zu dem eingezeichneten 130°-Winkel
β	40°	Scheitelwinkel zu dem eingezeichneten 40°-Winkel
γ	90°	Winkelsumme im Dreieck: $\gamma = 180° - 50° - 40° = 90°$
δ	40°	Stufenwinkel zu $\beta = 40°$
ε	50°	Wechselwinkel zu $\alpha = 50°$ oder: δ, ε und γ bilden einen gestreckten Winkel (180°)

② α ist ein Wechselwinkel zu dem eingezeichneten 30°-Winkel und damit ebenfalls 30° groß.
Da $\alpha + 50° + \gamma = 180°$
(Winkelsumme im Dreieck), gilt:
$80° + \gamma = 180° \rightarrow \gamma = 100°$.
φ ist ein Nebenwinkel von γ:
$\varphi = 180° - \gamma = 80°$.

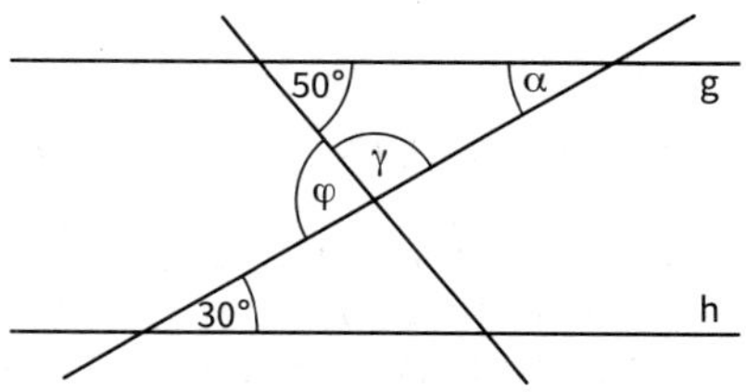

③ $\delta + \varepsilon = 180°$, weil ε ein Nebenwinkel von δ ist.
Da ε auch ein Stufenwinkel von α ist, ist $\varepsilon = \alpha$.
Eingesetzt ergibt sich: $\delta + \alpha = 180°$.
Ganz analog gilt: $\varphi + \gamma = 180°$ und $\varphi = \beta$, also
$\beta + \gamma = 180°$.

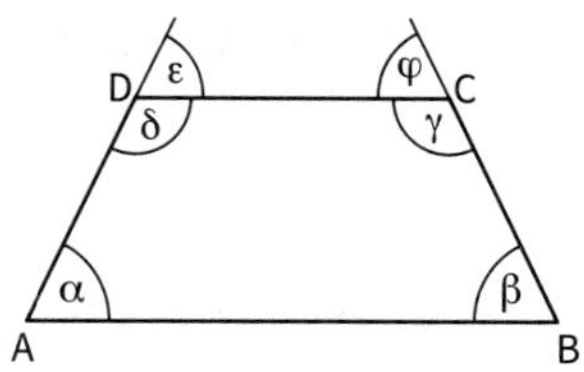

Daten und Zufall (Übungsaufgaben)

32 ① a) Daten der Größe nach geordnet:
65,80 €; 84,30 €; 99,70 €; 107,20 €; 111,40 €

Die Spannweite ist die Differenz zwischen dem größten und dem kleinsten Wert:
111,40 – 65,80 € = 45,60 €.

Der Median ist bei ungerader Anzahl der Wert in der Mitte: 99,70 €

arithmetisches Mittel: $\frac{65{,}80\ € + 84{,}30\ € + 99{,}70\ € + 107{,}20\ € + 111{,}40\ €}{5} = 93{,}68\ €$

32

b) Daten der Größe nach geordnet:
4,20 m; 4,50 m; 4,60 m; 4,80 m; 5,10 m; 5,30 m
Spannweite: 5,30 m – 4,20 m = 1,10 m
Der Median ist bei gerader Anzahl das arithmetische Mittel der beiden mittleren Werte:
$\frac{4{,}60\text{ m} + 4{,}80\text{ m}}{2} = 4{,}70\text{ m}$
arithmetisches Mittel: $\frac{4{,}20\text{ m} + 4{,}50\text{ m} + 4{,}60\text{ m} + 4{,}80\text{ m} + 5{,}10\text{ m} + 5{,}30\text{ m}}{6} = 4{,}75\text{ m}$

② Zunächst ist es sinnvoll, die Gewichte der Größe nach zu ordnen:
54,5 kg; 56,8 kg; 67,5 kg; 72,2 kg; 73,8 kg; 78,2 kg; 78,5 kg; 81,4 kg; 84,3 kg; 93,4 kg; 96 kg; 98,6 kg
Das arithmetische Mittel (Summe aller 12 Gewichte, geteilt durch 12) ist $77{,}9\overline{3}$ kg.
Der Durchschnitt von 80 kg wird also unterschritten.

③ Die bekannten fünf Weiten werden der Größe nach geordnet und addiert:
3,95 m + 4,10 m + 4,20 m + 4,45 m + 4,65 m = 21,35 m
Da Sabine im sechsten Sprung ihre schlechteste Weite erzielte, muss er weniger als 3,95 m weit gewesen sein. Da der siebte Sprung mittelmäßig war, ist Sabines weitester Sprung 4,65 m. Die Spannweite zwischen bestem und schlechtestem Sprung beträgt 90 cm. Also ist Sabine im sechsten Sprung 4,65 m – 0,90 m, also 3,75 m weit gesprungen.
Das arithmetische Mittel bei sieben Sprüngen beträgt 4,20 m. Alle sieben Sprünge zusammen sind also 29,40 m (= 7 · 4,20 m) weit. Zieht man davon die bereits bekannten sechs Sprungweiten ab, ergibt sich die Weite des siebten Sprungs: 29,40 m – 3,75 m – 21,35 m = 4,30 m.

33

① Zuerst wird der Anteil jeder Verbrauchsart am Gesamtverbrauch berechnet (Literzahl durch 122 dividieren), für den Winkel wird dieser Anteil mit 360° multipliziert.

	Verbrauch	Anteil	Winkel
Baden/Duschen	44 *l*	≈ 36 %	≈ 130°
Toilette	33 *l*	≈ 27 %	≈ 97°
Wäsche	17 *l*	≈ 14 %	≈ 50°
Sonstiges (Rest)	28 *l*	≈ 23 %	≈ 83°

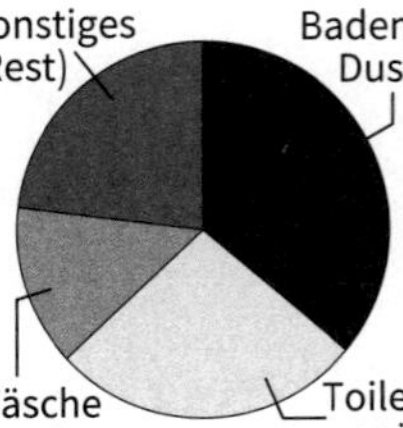

② Um die Winkel besser messen zu können, sollte man die Radien verlängern.

	Winkel	a) Anteil am Umsatz (in %)	b) Anteil am Umsatz (in Mio. €)
Bekleidung	151°	151° : 360° ≈ 41,9 %	0,419 · 128,6 ≈ 53,88
Elektrogeräte	32°	32° : 360° ≈ 8,9 %	0,089 · 128,6 ≈ 11,45
Spielwaren	76°	76° : 360° ≈ 21,1 %	0,211 · 128,6 ≈ 27,13
Lebensmittel	101°	101° : 360° ≈ 28,1 %	0,281 · 128,6 ≈ 36,14

34

① Wahrscheinlichkeit = $\frac{\text{Anzahl der günstigen Ergebnisse}}{\text{Anzahl der möglichen Ergebnisse}}$

a) A = {2; 4; 6}; P(A) = $\frac{3}{6} = \frac{1}{2}$

B = {6}; P(B) = $\frac{1}{6}$

C = {2; 3; 4; 6}; P(C) = $\frac{4}{6} = \frac{2}{3}$

b) z. B. *keine Sechs* würfeln

② Es sind 12 Kugeln im Behälter.

$\frac{1}{6}$ von 12 = 2; $\frac{1}{3}$ von 12 = 4; $\frac{1}{2}$ von 12 = 6

2 Kugeln müssen rot, 4 Kugeln blau und 6 Kugeln grün gefärbt werden.

34 ③ Im Behälter befinden sich 20 Kugeln, davon sind 6 Kugeln weiß, 12 Kugeln blau und 2 Kugeln schwarz.

a) P (weiße Kugel) = $\frac{6}{20} = \frac{3}{10}$ = 30 %

b) 18 Kugeln sind weiß oder blau.

P (keine schwarze Kugel) = $\frac{18}{20} = \frac{9}{10}$ = 90 %

④ 100 % ≙ 360°

1 % ≙ 3,6°

a)

Farbe	Winkel	Wahrscheinlichkeit
rot	90°	25 %
gelb	72°	20 %
blau	54°	15 %
grün	144°	40 %

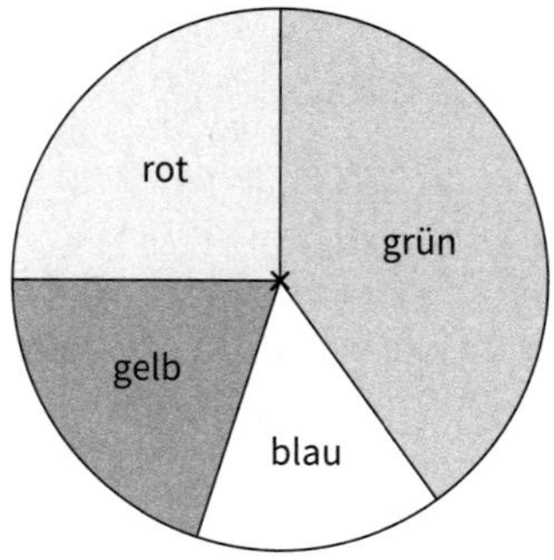

b) P(gelb oder grün) = P(gelb) + P(grün)
= 20 % + 40 %
= 60 %

P(nicht blau) = 100 % – P(blau) = 100 % – 15 % = 85 %

c) Mögliche Lösungen: *gelb, blau oder grün* bzw. *nicht rot*

35 ① a) Wahrscheinlichkeit für die Zahl vier: $\frac{2}{6} = \frac{1}{3}$ (6 mögliche, 2 günstige Ergebnisse)

b) Wahrscheinlichkeit für eine gerade Zahl: $\frac{4}{6} = \frac{2}{3}$ (6 mögliche, 4 günstige Ergebnisse)

c) Wahrscheinlichkeit für keine Sechs: $\frac{5}{6}$ (6 mögliche, 5 günstige Ergebnisse)

d) Die Wahrscheinlichkeit, eine Primzahl (PZ) zu würfeln, wird bei der großen Zahl von Versuchen in der Regel nahe der relativen Häufigkeit rH(PZ) liegen.

rH(PZ) = $\frac{548}{800}$ = 0,685 = 68,5 %

Würfel (1): P (PZ) = $\frac{4}{6} = \frac{2}{3} \approx$ 67 %   Würfel (2): P (PZ) = $\frac{3}{6} = \frac{1}{2} \approx$ 50 %

Würfel (3): P (PZ) = $\frac{2}{6} \approx$ 33 %

Es wurde vermutlich mit Würfel (1) gewürfelt, da $\frac{2}{3}$ von 800 ≈ 548. Sicher kann man das aber nicht sagen.

② Für sehr lange Versuchsreihen gilt: relative Häufigkeit ≈ Wahrscheinlichkeit.

rH(3) = $\frac{1\,280}{2\,000}$ = 0,64 = 64 % ≈ P(3)

Für das Gegenereignis Augenzahlen 1 oder 2 erhalten wir dann: P(1 oder 2) = 1 – P(3) ≈ 36 %
Wir gehen davon aus, dass die Masse des Zylinders gleichmäßig verteilt ist. Dann haben beide Augenzahlen aus Symmetriegründen die gleiche Wahrscheinlichkeit.
Also: P(1) = P(2) ≈ 36 % : 2 = 18 %

Abschlusstest Teil A Basisaufgaben

36

❶ Rechnen und Ordnen

a) $6{,}5 - 7{,}3 = -0{,}8$

b) $-1{,}2 - (-0{,}8) = -1{,}2 + 0{,}8 = -0{,}4$

c) $4 : (-16) = -\frac{4}{16} = -\frac{1}{4} = -0{,}25$

d) $\frac{-3 \cdot (-50)}{5^3} = \frac{150}{125} = \frac{6}{5} = 1{,}2$

e) $-\frac{3}{5} \cdot 35 - 4 \cdot (-5) = -21 + 20 = -1$

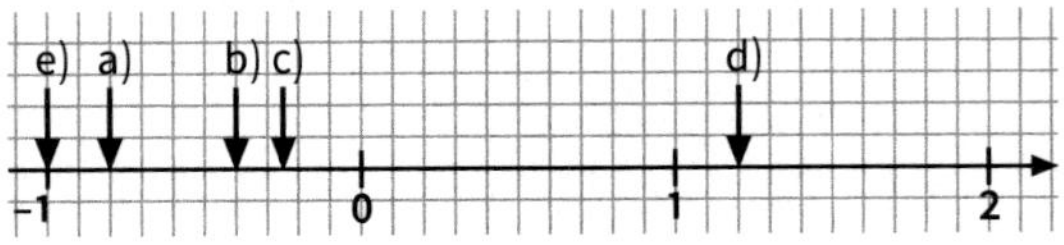

❷ Quadrat und Rechteck

a) u = Summe aller Seitenlängen
Seitenlänge: $\sqrt{36\text{ cm}^2} = 6$ cm
$u = 4 \cdot 6$ cm $= 24$ cm

b) Möglich sind alle Kombinationen von zwei Seitenlängen, deren Produkt 36 cm² beträgt.
Ganzzahlige Kombinationsmöglichkeiten sind z. B.
1 cm · 36 cm, 2 cm · 18 cm, 3 cm · 12 cm, 4 cm · 9 cm usw.

❸ Abschlussfahrt

a) Für Venedig ist jeder Vierte, das sind 20 Schülerinnen und Schüler (80 : 4 = 20).
20 % sind für Paris, das sind 16 Schülerinnen und Schüler (80 · 0,2 = 16).
Nach London oder Prag wollen somit 80 – 20 – 16 = 44 Schülerinnen und Schüler.
Diese teilen wir im Verhältnis 3 : 1 auf:
44 : 4 = 11   11 · 3 = 33
11 · 1 = 11
Nach London wollen 33 Schülerinnen und Schüler, nach Prag 11.

b) Venedig: $\frac{1}{4} = 25\,\%$

Paris: 20 %

London: 33 von 80 $= \frac{33}{80} = 0{,}4125 = 41{,}25\,\%$

Prag: 11 von 80 $= \frac{11}{80} = 0{,}1375 = 13{,}75\,\%$

c) Um ein Kreisdiagramm zu zeichnen, muss man die Mittelpunktswinkel für die einzelnen Kreisausschnitte berechnen:
- 1 % entspricht 360° : 100, also 3,6°.
- Man kann auch mit den Brüchen rechnen, $\frac{1}{80}$ entspricht dann 360° : 80, also 4,5°.

Für die Kreisausschnitte erhalten wir dann folgende Mittelpunktswinkel:

Venedig: $\frac{1}{4} \rightarrow 360° : 4 = 90°$

Paris: $20\,\% = \frac{1}{5} \rightarrow 360° : 5 = 72°$

London: $\frac{33}{80} \rightarrow 33 \cdot 4{,}5° = 148{,}5°$

Prag: $\frac{11}{80} \rightarrow 11 \cdot 4{,}5° = 49{,}5°$

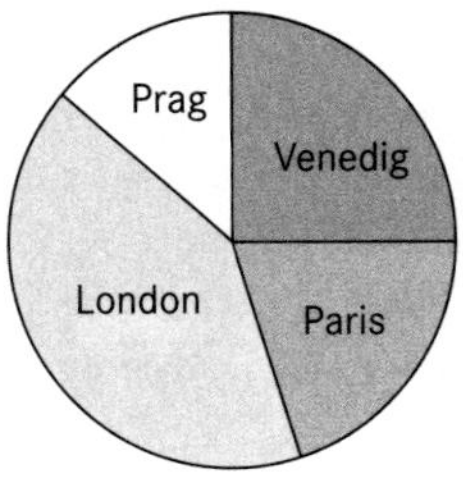

Das Streifendiagramm ist insgesamt 10 cm lang, sodass 1 mm genau 1 % entspricht.

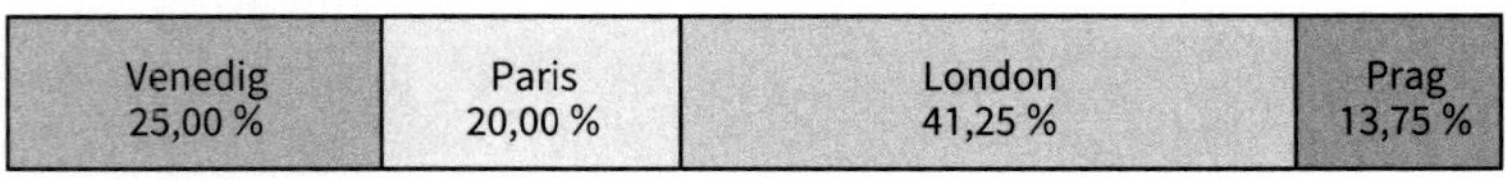

37

4 Lineare Funktionen

Die Funktionsgleichungen von f und g besitzen die Form $y = m \cdot x + n$. Also sind f und g lineare Funktionen und ihre Graphen Geraden. f und g besitzen dieselbe Steigung m, d. h., die zugehörigen Graphen verlaufen parallel. Da m den Wert −0,2 besitzt, fallen beide Graphen von links nach rechts. Der Schnittpunkt des Graphen einer linearen Funktion $y = m \cdot x + n$ mit der y-Achse ist der Punkt $(0 | n)$.
Also schneidet der Graph von f die y-Achse im Punkt $(0 | -3)$, der Graph von g im Punkt $(0 | 3)$.

5 Gleichungssysteme

a) I. $5x - 3y = 53$
II. $4x + 3y = 37$ (+)

$9x = 90$
$x = 10$

→ II. $4 \cdot 10 + 3y = 37$
$3y = -3$
$y = -1$

b) 1. Zahl: x   2. Zahl: y
I. $3x + 1 = y$
II. $2x + y = 36$

in II.: $2x + (3x + 1) = 36$
$5x = 35$
$x = 7$

x in I.   I. $3 \cdot 7 + 1 = y$
$22 = y$

Ergebnis: 1. Zahl: 7
2. Zahl: 22

6 Exponentielle Abnahme

Bei der dargestellten Sachsituation handelt es sich um einen exponentiellen Zerfallsprozess. Der Wachstumsfaktor q ergibt sich aus: $q = 1 - 18\,\% = 1 - \frac{18}{100} = 0{,}82$

1. Lösungsweg:

Stunde	0	1	2	3	4	5	6
Vitaminmenge im Blut (mg)	300	246	201,72	165,41	135,64	111,22	91,2

· 0,82   · 0,82   · 0,82   · 0,82   · 0,82   · 0,82

Nach 2 Stunden sind also noch etwa 201,72 mg des Vitamins im Blut, nach 4 Stunden etwa 135,64 mg und nach 6 Stunden noch etwa 91,2 mg.

2. Lösungsweg:

Man rechnet mit der Formel $G_n = G \cdot q^n$

Nach 2 Stunden: $G_2 = 300 \cdot 0{,}82^2$ mg $\approx 201{,}72$ mg
Nach 4 Stunden: $G_4 = 300 \cdot 0{,}82^4$ mg $\approx 135{,}64$ mg
Nach 6 Stunden: $G_6 = 300 \cdot 0{,}82^6$ mg $\approx 91{,}20$ mg

7 Dreieck im Koordinatensystem

a)

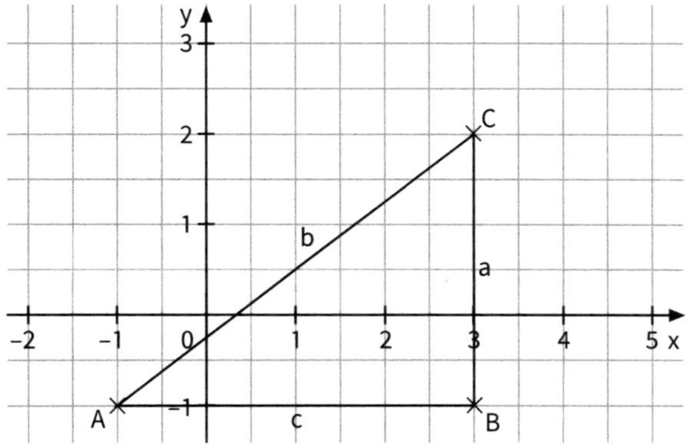

37 b) Länge der Strecken: $\overline{AB} = 4\text{ cm}$, $\overline{BC} = 3\text{ cm}$

Im rechtwinkligen Dreieck ABC gilt nach dem Satz von Pythagoras:

$$(\overline{AC})^2 = (\overline{AB})^2 + (\overline{BC})^2$$
$$= (4\text{ cm})^2 + (3\text{ cm})^2$$
$$= 25\text{ cm}^2 \quad |\sqrt{\ }$$
$$\overline{AC} = 5\text{ cm}$$

Da das Dreieck rechtwinklig ist, kann der Flächeninhalt mithilfe der Länge der Katheten berechnet werden.

$$\text{Flächeninhalt } A = \frac{\overline{AB} \cdot \overline{BC}}{2} = \frac{4\text{ cm} \cdot 3\text{ cm}}{2} = 6\text{ cm}^2$$

38 **8** Prozente

a) *1. Lösungsweg:* 10 % von 130 € sind 13 €, 40 % sind dann 4 · 13 € = **52 €.**

2. Lösungsweg:

100 % → 130 €
1 % → 1,30 €
40 % → **52 €**

3. Lösungsweg:

130 € · 40 % = 130 € · 0,4 = **52 €**

b) *1. Lösungsweg:*

4 % → 12 kg
1 % → 3 kg
100 % → **300 kg**

2. Lösungsweg: □ · 4 % = 12 kg
also: □ · 0,04 = 12 kg |:0,04
□ = **300 kg**

3. Lösungsweg: $W = G \cdot p\,\% = G \cdot \frac{p}{100}$ umformen: $W \cdot \frac{100}{p} = G$

einsetzen: $12\text{ kg} \cdot \frac{100}{4} = \mathbf{300\text{ kg}}$

c) *1. Lösungsweg:* 24 cm von 6 m bzw. 24 cm von 600 cm?
6 cm sind 1 % von 600 cm, dann sind 24 cm genau viermal so viel, also **4 %** von 600 cm bzw. 4 % von 6 m.

2. Lösungsweg: 600 cm → 100 %
1 cm → 0,166... %
24 cm → **4 %**

3. Lösungsweg: $\frac{24\text{ cm}}{6\text{ m}} = \frac{24\text{ cm}}{600\text{ cm}} = 0{,}04 = \mathbf{4\,\%}$

d) 3 % von 760 € sind 0,03 · 760 € = **22,80 €**

9 **Kinobesucher**

a) $\frac{(625 + 745 + 820 + 655 + 423 + 388 + 495)}{7} = \frac{4\,151}{7} = 593$

b) Wenn durchschnittlich 450 Besucher pro Tag den Film gesehen haben, sind das in zwei Wochen insgesamt 6 300 (450 · 14) Besucher. Davon muss man die Anzahl der Besucher aus der ersten Woche (4 151) abziehen. In der zweiten Woche haben 2 149 Besucher (6 300 – 4 151) den Film gesehen.

10 **Lostrommel**

a) $P\,(\text{Hauptgewinn}) = \frac{\text{Anzahl der Hauptgewinne}}{\text{Anzahl aller Lose}} = \frac{20}{300} = \frac{1}{15}$

Die Wahrscheinlichkeit, dass das erste gezogene Los ein Hauptgewinn ist, beträgt $\frac{1}{15}$.

b) Es sind jetzt noch 270 Lose in der Lostrommel, davon 18 Hauptgewinne.

$P\,(\text{Hauptgewinn}) = \frac{18}{270} = \frac{2}{30} = \frac{1}{15}$

Die Wahrscheinlichkeit für einen Hauptgewinn ist genauso groß wie beim ersten gezogenen Los.

38

⓫ Gleichungen und Graphen

Grundsätzlich gibt es zwei Lösungswege. Bei dem rechnerischen Weg wählt man einen Punkt $(x|y)$ des Graphen aus, den dieser mit keinem der abgebildeten Graphen gemeinsam hat, und prüft, welche der zur Auswahl stehenden Gleichungen durch die Koordinaten des Punktes erfüllt wird. Schneller aber ist der andere Weg, bei dem man sein Wissen über den grafischen Verlauf von linearen und quadratischen Funktionen nutzt.

Die abgebildeten Graphen g_1 und g_2 sind Geraden. Geraden sind Graphen von linearen Funktionen mit der allgemeinen Form $y = m \cdot x + n$. Drei zur Auswahl stehende Gleichungen sind linear, sie unterscheiden sich nur in der Steigung (m). Die Graphen g_1 und g_2 steigen von links nach rechts an, also ist $m > 0$. Die Gleichung $y = -2x + 1$ scheidet damit aus. Da g_1 steiler verläuft als g_2, gehört die Gleichung mit dem größeren m zu g_1, nämlich $y = x + 1$. Zu g_2 gehört $y = 0{,}5x + 1$.

Zu den Parabeln (g_3, g_4, g_5, g_6) gehören Gleichungen, die einen quadratischen Term (x^2) enthalten. Hiervon stehen fünf zur Auswahl. Die Graphen g_3 und g_4 besitzen den Scheitelpunkt $(0|0)$ und sind nach unten geöffnet. Zu ihnen gehören also Gleichungen der Form $y = ax^2$ mit $a < 0$. Zur Auswahl stehen $y = -x^2$ und $y = -2x^2$. Die Parabel g_3 verläuft durch die Punkte $(-1|-1)$ und $(1|-1)$. Zu ihr gehört also die Gleichung $y = -x^2$. Die Parabel g_4 ist schmaler geöffnet, zu ihr gehört die Gleichung $y = -2x^2$.

Die Graphen g_5 und g_6 sind verschobene Normalparabeln. Parabeln mit der Gleichung $y = x^2 + c$ besitzen den Scheitelpunkt $(0|c)$. Sie sind gegenüber der Normalparabel in y-Richtung verschoben; für $c > 0$ nach oben, für $c < 0$ nach unten. g_6 besitzt den Scheitelpunkt $(0|2)$. Zu g_6 gehört also $y = x^2 + 2$. Die Parabel g_5 besitzt den Scheitelpunkt $(-1|0)$. Zu ihr passt nur noch die Gleichung $y = x^2 + 2x + 1$. Folgende Überlegung bestätigt dies: umgeformt lautet die Gleichung $y = (x + 1)^2$. Parabeln mit der Gleichung $y = (x + b)^2$ besitzen den Scheitelpunkt $(-b|0)$ und sind gegenüber der Normalparabel um b nach links verschoben. Richtig ist also:

g_1	$y = x + 1$
g_3	$y = -x^2$
g_5	$y = x^2 + 2x + 1$
g_6	$y = x^2 + 2$

	$y = x^2 - 2$
g_2	$y = 0{,}5x + 1$
	$y = -2x + 1$
g_4	$y = -2x^2$

⓬ Baumhöhe

Nach dem Strahlensatz gilt:

$$\frac{x}{1{,}30\text{ m}} = \frac{15\text{ m}}{3\text{ m}} \qquad |\cdot 1{,}30$$

$$x = \frac{15\text{ m} \cdot 1{,}30\text{ m}}{3\text{ m}}$$

$x = 6{,}50$ m → Baumhöhe $h = 6{,}50$ m $+ 1{,}70$ m $= 8{,}20$ m

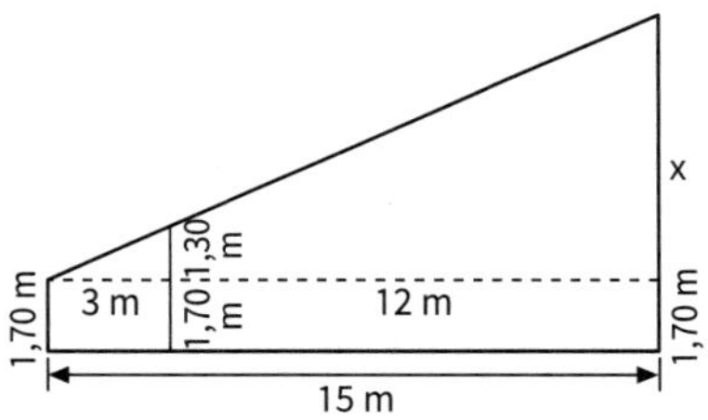

39

⓭ Fahrstuhl

Die Masseangabe bezieht sich auf m^2, deshalb wird zuerst die Fläche ausgerechnet, die das gesamte Papier einnimmt.

1 Blatt: $21{,}0\text{ cm} \cdot 29{,}7\text{ cm} = 623{,}7\text{ cm}^2$

100 000 Blatt: $623{,}7\text{ cm}^2 \cdot 100\,000 = 62\,370\,000\text{ cm}^2 = 6\,237\text{ m}^2$

Masse des Papiers: $80\,\frac{\text{g}}{\text{m}^2} \cdot 6\,237\text{ m}^2 = 498\,960\text{ g} \approx 500\text{ kg}$

⓮ Parabeln in verschiedenen Darstellungen

$f(x) = -0{,}5\,(x + 1{,}5)^2 + 3{,}5$ (Scheitelpunktform)

$= -0{,}5\,(x^2 + 3x + 2{,}25) + 3{,}5$

$= -0{,}5x^2 - 1{,}5x - 1{,}125 + 3{,}5$

$= -0{,}5x^2 - 1{,}5x + 2{,}375$ (allgemeine Form)

⓯ Wasserfass

a) Das Fass hat die Form eines Zylinders. Für Zylinder mit dem Radius r und der Höhe h gilt:
$V = \pi r^2 h$
$V = \pi \cdot (30\text{ cm})^2 \cdot 80\text{ cm} \approx 226\,194{,}7\text{ cm}^3$ Dies entspricht ca. 226 *l*.

b) Das Fass ist oben offen. Deshalb fällt eine Kreisfläche weg und es gilt die folgende Formel:
$O = \pi r^2 + 2\pi rh$
$O = \pi \cdot (0{,}3\text{ m})^2 + 2 \cdot \pi \cdot 0{,}3\text{ m} \cdot 0{,}8\text{ m} \approx 1{,}79\text{ m}^2 \approx 1{,}8\text{ m}^2$
oder $O = \pi \cdot (30\text{ cm})^2 + 2 \cdot \pi \cdot 30\text{ cm} \cdot 80\text{ cm} \approx 17\,907\text{ cm}^2 \approx 1{,}8\text{ m}^2$

39 **16 Größen bestimmen**

Ladevolumen eines Lasters: Der Ladebereich kann als Quader mit den Maßen: Breite 2,5 m, Höhe 2,5 m, Länge 8 m geschätzt werden. Als Volumen ergibt sich daraus 2,5 m x 2,5 m x 8 m = 50 m^3. Da 1 m^3 = 1 000 *l* gilt, muss 50 000 *l* angekreuzt werden.

Länge eines Springseils: Die Länge eines Springseils muss länger sein als die Körpergröße (bzw. als zweimal die halbe Körpergröße). Es muss aber kürzer als 5 m sein, sonst kann es nicht zum Springen benutzt werden. Entsprechend kann die Länge des Seils auf ungefähr 2,5 m geschätzt werden, was 25 dm entspricht (250 000 mm = 250 m; 2 500 cm = 0,025 km = 25 m).

Fläche eines Handballfeldes: Ein Handballfeld ist 20 m breit und 40 m lang, sodass sich ein Flächeninhalt von 800 m^2 ergibt (80 000 cm^2 = 8 m^2; 8 000 dm^2 = 80 m^2; 0,8 km^2 = 800 000 m^2).

40 **17 Straßenfest**

a) Die Stückzahlen für Bratwurst und Currywurst werden addiert. Insgesamt sollen 105 Würste verkauft werden.
b) Der Preis für ein Steak steht in Zelle B5. Es soll 3,50 € kosten.
c) Die voraussichtlichen Einnahmen für den Bratwurstverkauf werden in der Zelle D3 mit der Formel =B3*C3 berechnet.
d) 1. Möglichkeit: Alle Zellen, in denen Einnahmen stehen, werden addiert:
   D12: =D3+D4+D5+D6+D9+D10
   2. Möglichkeit: Man verwendet die Funktion „Summe“:
   D12: =Summe(D3:D10).
   Dabei werden Zellen, in denen keine Zahl steht, vom Programm nicht berücksichtigt.

18 Kleintiergehege

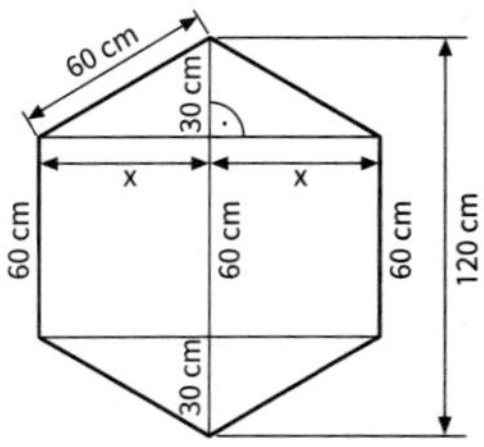

Da alle Seiten des Sechsecks 60 cm lang sind, ist das eingezeichnete Rechteck 60 cm hoch. Dazu kommen noch vier kongruente rechtwinklige Dreiecke. Deren Hypotenusen sind 60 cm lang (wie die Drahtplatten). Eine Kathete ist jeweils 30 cm lang (= (120 cm – 60 cm) : 2)). Mit dem Satz des Pythagoras kann man die Länge der noch fehlende Kathete berechnen:

$x^2 + (30\text{ cm})^2 = (60\text{ cm})^2$

$x^2 + 900\text{ cm}^2 = 3\,600\text{ cm}^2$

$x^2 = 2\,700\text{ cm}^2$

$x \approx 52\text{ cm}$

Flächeninhalt des Rechtecks:

$2x \cdot 60\text{ cm} = 104\text{ cm} \cdot 60\text{ cm} = 6\,240\text{ cm}^2$

Flächeninhalt der vier Dreiecke: $4 \cdot \frac{52\text{ cm} \cdot 30\text{ cm}}{2} = 3\,210\text{ cm}^2$

Der Flächeninhalt des Geheges beträgt insgesamt 6 240 cm^2 + 3 120 cm^2 = 9 360 cm^2, also knapp 1 m^2.

19 Funktionsbeschreibung

Graph f: Mit wachsenden x-Werten wachsen auch gleichmäßig die y-Werte (positive konstante Steigung). Für x = 0 geht die Funktion nicht durch den Ursprung. Es handelt sich um eine lineare Funktion.

Graph g: Mit wachsenden x-Werten werden die y-Werte gleichmäßig kleiner (negative konstante Steigung). Für x = 0 geht die Funktion nicht durch den Ursprung. Es handelt sich um eine lineare Funktion.

Graph h: Mit wachsenden x-Werten werden die y-Werte auch immer geringer, aber nicht gleichmäßig, sondern die Abnahme wird immer geringer. Die Funktion hat keinen Schnittpunkt mit der y-Achse, sondern schmiegt sich an die y-Achse an. Es handelt sich um eine Hyperbel, also eine antiproportionale Funktion.

Graph i: Unabhängig von den x-Werten nehmen die y-Werte immer den Wert 3,5 an. Es handelt sich um eine konstante Funktion.

Graph j: Mit wachsenden x-Werten wachsen auch gleichmäßig die y-Werte (positive konstante Steigung). Für x = 0 geht die Funktion durch den Ursprung. Es handelt sich um eine proportionale Funktion.

41

20 Würfeln mit einem Quader

a) Die Seitenfläche mit der Augenzahl 1 ist genauso groß wie die Fläche mit der Zahl 6. Wir gehen davon aus, dass die Masse des Holzquaders gleichmäßig verteilt ist. Aus Symmetriegründen beträgt dann die Wahrscheinlichkeit, eine Eins zu würfeln, ebenfalls ca. 8 %. Damit bleiben für die übrigen vier Ergebnisse (2, 3, 4, 5) noch ca. 84 % übrig. Da ihre Flächen ebenfalls alle gleich groß sind, beträgt – wiederum aus Symmetriegründen – die Wahrscheinlichkeit für jedes Ergebnis ca. 21 % (= 84 % : 4).

Augenzahl	1	2	3	4	5	6
Näherungswert für die Wahrscheinlichkeit	8 %	21 %	21 %	21 %	21 %	8 %

Da es sich um einen Zufallsversuch handelt, sind dies nur Näherungswerte. Selbst mit einer sehr großen Zahl von Versuchen kann man die Wahrscheinlichkeiten nur angenähert, nicht aber exakt bestimmen.

b) Bei einer so großen Anzahl an Würfen ist es am wahrscheinlichsten, dass ungefähr 8 % (Wahrscheinlichkeit für 6) der 4 000 Würfe eine 6 sind; also: 0,08 · 4 000 Würfe = 320 Würfe. Trotzdem ist aber jede andere Anzahl zwischen 0 und 4 000 möglich.

Die Höhe des Baumes beträgt 8,20 m.

21 Rechengeschichten

(1) Anzahl der Gewinnlose: x — Anzahl der Nieten: 0,5x
Gleichung: x + 0,5x = 30 — [x] Ja.

(2) Roberts Sparsumme nach 30 Tagen: x
Gleichung: x = 15 · 1 € + 15 · 0,50 € — [x] Nein.

(3) Mineralwasser in Liter: x — Fruchtsaft in Liter: 0,5 · x
Gleichung: x + 0,5x = 30 — [x] Ja.

(4) Alter der Bruders: x — Alter von Max: 0,5 · x
Gleichung: x + 0,5x = 30 — [x] Ja.

22 Winkel

Aussage	w/f	Begründung
$\gamma = 70°$	wahr	Scheitelwinkel zu dem eingezeichneten 70°-Winkel
$\delta = 70°$	wahr	Stufenwinkel zu dem eingezeichneten 70°-Winkel
$\beta = \alpha$	falsch	Der Wechselwinkel von β ist φ, nicht α.
$\varepsilon = \beta$	wahr	φ ist ein Wechselwinkel von β und ε ist ein Stufenwinkel von φ.

Hier im Lösungsheft befinden sich **Kurzlösungen** zu den Aufgaben des Eingangstests (S. 42 – 51).
Ausführliche Lösungen zum Eingangstest befinden sich im Arbeitsbuch (S. 52 – 77).

Kurzlösungen – Eingangstest Teil B Komplexe Aufgaben

42

1 Preisänderungen
a) Der neue Preis der Bluse ist 48,68 €.
b) Der Anzug kostete vorher 299,90 €.
c) Der Preis wurde um rund 11,14 % erhöht.

2 Werkstück
a) Die Masse des Werkstücks beträgt etwa 17 kg.
b) Der Oberflächeninhalt ist ca. 1 200,6 cm^2 groß.

3 Straßenbahnfahrplan
a) Die Entfernung zwischen den Haltestellen Bahnhof und Tierpark beträgt 14 km.
b) Vom Bahnhof bis zum Stadion fährt die Straßenbahn zwischen den Haltestellen mit gleicher Durchschnittsgeschwindigkeit $\left(\frac{1\text{ km}}{2\text{ min}}, \text{ also } 30\ \frac{\text{km}}{\text{h}}\right)$.
Vom Stadion bis zum Tierpark fährt sie schneller $\frac{2\text{ km}}{2\text{ min}}$, also 60 $\frac{\text{km}}{\text{h}}$.

c)

	Uhrzeit	
Bahnhof	ab	14:10
Rosentor	an	14:14
	ab	14:15
Nordheide	an	14:19
	ab	14:20
Stadion	an	14:24
	ab	14:25
Tierpark	an	14:33

43

4 Fahrradurlaub
a) Lennards Aussage ist falsch.
b) Der Verbrauch steigt um ungefähr 27 %.

c)

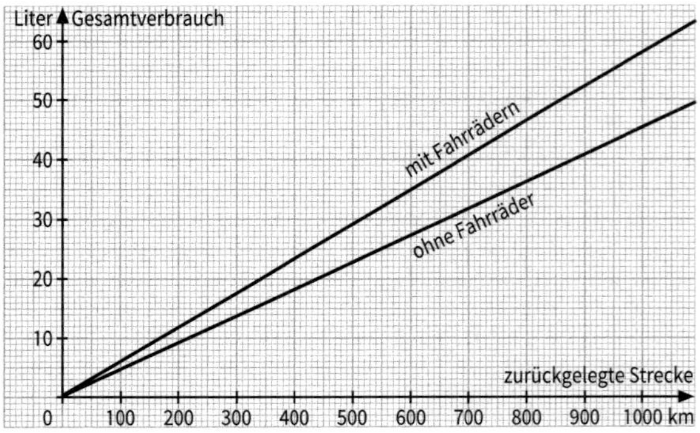

5 Herzogstandbahn
Die Kabine legt eine Strecke von ungefähr 1 250 m zurück.

44

6 Konservendose
a) Die Gesamtlänge des Bandes beträgt etwa 73,1 cm.
b) Ein doppelt so langes Band reicht.

7 Gläser
a) 8 randvolle Likörgläser füllen das Rotweinglas.
b) Richtig ist der Graph C.

44 **8 Agenturmeldung**

Die Meldung ist fehlerhaft. Richtig müsste die Meldung lauten: „Vor allem in Thüringen und Sachsen hängt oder liegt die weiße Bluse bei etwa neun von zehn Frauen (87,4 Prozent) im Schrank, ergab jetzt eine Umfrage."

45 **9 Kugelstoßen**

a) Die Kugel wird aus 2 m Höhe abgestoßen.
b) Die Kugel erreicht eine Höhe von rund 4,81 m.
c) Die Kugel wird etwa 17,31 m weit gestoßen.

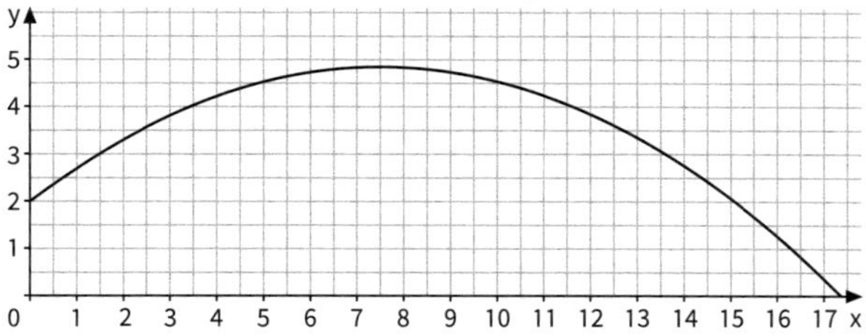

10 Haus mit Satteldach

a) Das Volumen des Hauses beträgt insgesamt 780 m^3.
b) Die gesamte Dachfläche ist 153,6 m^2 groß.
c) Der Neigungswinkel des Daches beträgt ca. 39°.

46 **11 Nebenjobs**

a) Der prozentuale Anteil der Mädchen beträgt 60 %, der Anteil der Jungen 40 %.
b) 261 Mädchen haben keinen Nebenjob.
c) 62,5 % der Jungen haben keinen Nebenjob.

12 Pkw-Antriebe und Kosten

a)

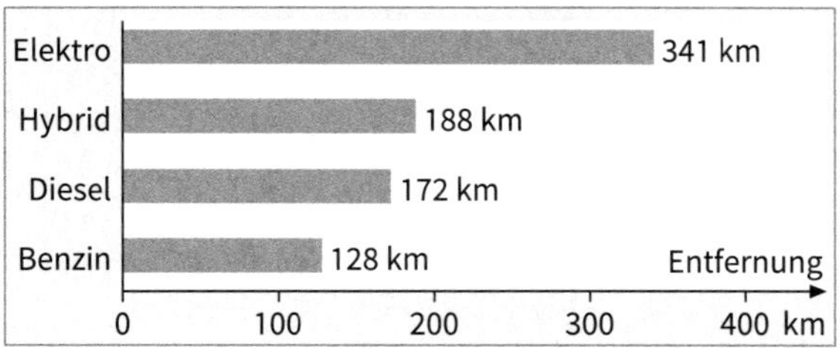

b) Die Tankfüllung reicht.
c) Der Anteil der Energiesteuer beträgt rund 50 %.

47 **13 Seitenlängen beim Quadrat**

Aussage (1) und Aussage (4) sind falsch.

14 Tonnenschwere Goldmünze

a) Im Oktober 2011 erhielt man für 1 Euro 1,62 US-Dollar.
b) Die Angaben stimmen überein.
c) Der Radius beträgt etwa 28,3 cm.

15 Kapitalanlage

a) Henrik muss etwa 47 Jahre warten.
b) Auch ein Kapital von 10 000 € verdoppelt sich bei einem Zinssatz von 1,5 % in etwa 47 Jahren.

48 **16 Zwei Würfel**

a) Es gibt 36 mögliche Ergebnisse. b) $P(3;5) = \frac{1}{36}$ c) $P(\text{Pasch}) = \frac{1}{6}$

17 Fußballduell

a) $p\,\% = 81\,\%$ b) Nach etwa 17,5 Jahren.
c) Betrachtet man den Flächeninhalt der Kreise, so ist der Radius des großen Kreises ca. 8-mal so groß wie der des kleinen Kreises, sodass der Flächeninhalt ca. 64-mal so groß ist.
Die zugehörigen Euro-Beträge sind aber nur etwa 5,3-mal so hoch.

49 **18 Zahlenrätsel**

a) Die Gleichung $x - 8 = 3\,(5 + x)$ gehört zum Zahlenrätsel (3).
b) $x = -11{,}5$
c) Zahlenrätsel (1): $3x - 8 = x + 5$
Zahlenrätsel (2): $3\,(x - 8) = x - 5$

19 Smartphone-Nutzung

a) Spannweite: 140 unteres Quartil: 40 oberes Quartil: 60
Median (Zentralwert): 45
b) Felix' Aussage ist falsch. Durch die Länge der Strecke zwischen oberem Quartil und größtem Wert hat er sich täuschen lassen.

20 Fläche NRW

Das Bundesland ist knapp 35 000 km² groß.

50 **21 Quadratische Gleichungen**

a) Pauls Lösung stimmt. Marcel hat einen Fehler beim Einsetzen von $q = 20$ gemacht.
b) (1) $x_1 = -7$; $x_2 = 7$ (2) $x = -4$ (3) $x_1 = 0$; $x_2 = 5$ (4) $x_1 = 1$; $x_2 = -25$

22 Glücksrad

Baumdiagramm (b: blau; w: weiß)
1. Dehnung 2. Dehnung

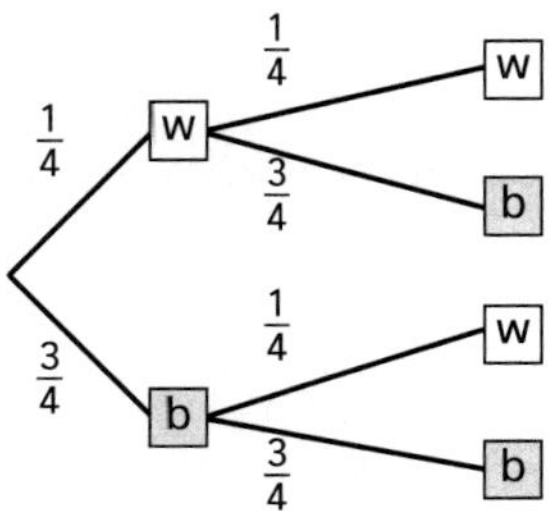

$P(w;w) = \frac{1}{4} \cdot \frac{1}{4} = \frac{1}{16}$

$P(b;b) = \frac{3}{4} \cdot \frac{3}{4} = \frac{9}{16}$

b) P (Verlust) $= \frac{3}{8}$
c) Die Klasse kann mit einem Gewinn von 132,50 € rechnen.

23 Angebote

a) Zu empfehlen ist die C-Bank.
b) Das Angebot der C-Bank ist auch bei jedem anderen Sparbetrag zu empfehlen.

51 **24 Brückenkonstruktion**

Die Brücke muss rund 341 m lang werden.

25 Verdienst

a) Nach Modell 2 würde er 2 000 € verdienen und nach Modell 1 13 300 €.
b) =A3*10/100 oder =A3*0,1
c) Richtig sind:
☒ =B3+2500
☒ = A3*0,04+2500
d) Bei einem Umsatz von 62 500 € verdient man mit beiden Modellen gleich viel.

26 Riesentasse

a) Tassenhöhe: ca. 55 cm
Oberer/unterer Tassendurchmesser: 55 cm/25 cm
b) Es ist die Tasse mit dem eingezeichneten Zylinder anzukreuzen.
c) Ein Riesencappuccino würde ungefähr 1 000 € kosten.

Übungsaufgaben Teil B Komplexe Aufgaben

52

① $80\,\% = 0{,}8$ x ist die Anzahl der Runden, die Silke geschafft hat.

$80\,\%$ von $x = x \cdot 0{,}8 = 12$

$x \cdot 0{,}8 = 12 \quad |:0{,}8$

$x = \frac{12}{0{,}8}$

$x = 15$ Silke hat 15 Runden geschafft.

② $\frac{1\,293{,}50}{1\,990} = 0{,}65 = 65\,\%$ (Formel $p\,\% = \frac{W}{G}$)

Man zahlt bei Buchung bis Ende März nur 65 % des Normalpreises, spart also 35 % gegenüber dem Normalpreis (100 % – 65 % = 35 %).

③ Der Preis des Autos im Vorjahr wird x genannt. Es gilt dann: 100 % – 8 % = 92 %, 92 % = 0,92

$x \cdot 0{,}92 = 22\,264$

$x = \frac{22\,264}{0{,}92}$

$x = 24\,200$

Im Vorjahr kostete das Auto 24 200 €.

④ Hausmülltonnen 2017: $840 \cdot 1{,}15 = 966$ (Erhöhung um 15 %)

Abfall pro Tonne 2017: $18\text{ kg} \cdot 1{,}05 = 18{,}9\text{ kg}$ (Erhöhung um 5 %)

Das Jahr 2017 hat 52 Wochen.

$966 \cdot 18{,}9\text{ kg} \cdot 52 = 949\,384{,}8\text{ kg} = 949{,}3848\text{ t}$

Die Stadtreinigungswerke mussten knapp 950 t Abfall aus Hausmülltonnen abtransportieren.

⑤ Anzahl der Schülerinnen und Schüler zu Beginn von 2016/2017: x

Anzahl der Schülerinnen und Schüler zu Beginn von 2017/2018: $x \cdot 1{,}5$

Anzahl der Schülerinnen und Schüler zu Beginn von 2018/2019: $(x \cdot 1{,}5) \cdot 1{,}4$

Es gilt also die Gleichung $(x \cdot 1{,}5) \cdot 1{,}4 = 189$

$x \cdot 2{,}1 = 189 \quad |:2{,}1$

$x = \frac{189}{2{,}1}$

$x = 90$

Die Schule nahm den Betrieb mit 90 Schülerinnen und Schülern auf.

53

① a) Zu berechnen sind ein Kegel mit $r = 1$ m und $h_K = 3$ m sowie ein Zylinder mit $r = 1$ m und $h_Z = 5$ m.

$V_{Kegel} = \frac{1}{3}\pi \cdot (1\text{ m})^2 \cdot 3\text{ m} \approx 3{,}14\text{ m}^3$

$V_{Zylinder} = \pi \cdot (1\text{ m})^2 \cdot 5\text{ m} \approx 15{,}71\text{ m}^3$

$V_{Gesamt} = V_{Kegel} + V_{Zylinder} \approx 3{,}14\text{ m}^3 + 15{,}71\text{ m}^3 = 18{,}85\text{ m}^3$

Jeder Kubikmeter wiegt 0,76 t, also ist die Masse $m \approx 18{,}85 \cdot 0{,}76\text{ t} \approx 14{,}30\text{ t}$.

Das Modell wiegt knapp 14,30 t.

b) Hier geht es um die Oberfläche O, die aus dem Kegelmantel M_K, dem Zylindermantel M_Z und der Grundfläche G besteht. Zunächst muss s mit dem Satz des Pythagoras berechnet werden:

$s^2 = h^2 + r^2$

$s^2 = 9\text{ m}^2 + 1\text{ m}^2$

$s^2 = 10\text{ m}^2 \quad |\sqrt{\ }$

$s \approx 3{,}16\text{ m}$

$M_K = \pi \cdot r \cdot s \approx \pi \cdot 1\text{ m} \cdot 3{,}16\text{ m} \approx 9{,}93\text{ m}^2$

$M_Z = 2 \cdot \pi \cdot r \cdot h_Z \approx 2\pi \cdot 1\text{ m} \cdot 5\text{ m} \approx 31{,}42\text{ m}^2$

$G = \pi \cdot r^2 = \pi \cdot (1\text{ m})^2 \approx 3{,}14\text{ m}^2$

$O = M_K + M_Z + G \approx 9{,}93\text{ m}^2 + 31{,}42\text{ m}^2 + 3{,}14\text{ m}^2 = 44{,}49\text{ m}^2$

Das sind knapp 44,5 m². Da man pro m² einen halben Liter Farbe braucht, sind etwa 22,25 Liter Farbe erforderlich.

53 ② Um die Masse m des Werkstücks berechnen zu können, muss sein Volumen bekannt sein.
Werkstückvolumen $V = V_{Z_1}$ (Hohlzylinder) – V_{Z_2} (herausgebohrten Zylinder).
$V_{Z_1} = \pi \cdot r_1^2 \cdot h_1 = \pi \cdot (15\text{ cm})^2 \cdot 10\text{ cm} \approx 7\,068{,}58\text{ cm}^3$
$V_{Z_2} = \pi \cdot r_2^2 \cdot h_2 = \pi \cdot (2\text{ cm})^2 \cdot 5\text{ cm} \approx 62{,}83\text{ cm}^3$

Das Volumen V des Werkstücks ergibt sich dann aus
$V = V_{Z_1} - V_{Z_2} \approx 7\,068{,}58\text{ cm}^3 - 62{,}83\text{ cm}^3 = 7\,005{,}75\text{ cm}^3$
Da 1 cm³ Holz 0,76 g wiegt, beträgt die Masse m des Werkstücks

$m = 7\,005{,}75\text{ cm}^3 \cdot 0{,}76\,\frac{\text{g}}{\text{cm}^3} = 5\,324{,}37\text{ g} \approx 5{,}3\text{ kg}$

Die Masse des Werkstücks beträgt ca. 5,3 kg.

③ a) Gesucht ist die Körperhöhe h_P der Pyramide.
Gegeben ist das rechtwinklige Dreieck NMO mit $\overline{MN} = 5$ cm und dem Winkel ONM = $\alpha = 67°$.
Die gesuchte Körperhöhe h_P entspricht der Länge der Dreiecksseite $\overline{OM}$.

Es gilt: $\tan 67° = \frac{h_P}{5\text{ cm}} \quad | \cdot 5\text{ cm}$

$5\text{ cm} \cdot \tan 67° = h_P,\ h_P \approx 11{,}78\text{ cm}$
Die Höhe der abgebildeten Körpers beträgt etwa 11,78 cm.

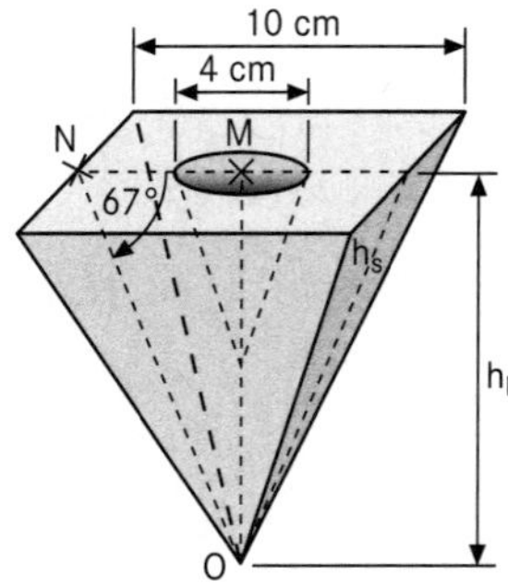

b) Das Volumen V des Werkstücks ergibt sich aus dem Volumen V_P der Pyramide abzüglich des Volumens V_K der kegelförmigen Aushöhlung. Deren Höhe beträgt die Hälfte von h_P, also 5,89 cm.

$V_P = \frac{1}{3} \cdot a^2 \cdot h_P \approx \frac{1}{3} \cdot (10\text{ cm})^2 \cdot 11{,}78\text{ cm} \approx 392{,}67\text{ cm}^3$
$V_K = \frac{1}{3}\pi \cdot r^2 \cdot \frac{h_P}{2} \approx \frac{1}{3}\pi \cdot (2\text{ cm})^2 \cdot 5{,}89\text{ cm} \approx 24{,}67\text{ cm}^3$

Das gesuchte Volumen V des Werkstücks ergibt sich dann aus:
$V = V_P - V_K \approx 392{,}67\text{ cm}^3 - 24{,}67\text{ cm}^3 = 368\text{ cm}^3$

c) Die Dichte von Aluminium beträgt $2{,}7\,\frac{\text{g}}{\text{cm}^3}$. Also $m \approx 368\text{ cm}^3 \cdot 2{,}7\,\frac{\text{g}}{\text{cm}^3} = 993{,}6\text{ g} = 0{,}9936\text{ kg} \approx 1\text{ kg}$

Die Masse m des Werkstücks beträgt etwa 1 kg.

54 ① a) Aus dem Graphen, der Inas Fahrt beschreibt, ist abzulesen, dass
- Ina nach einer Viertelstunde erst 4 km zurückgelegt hat ([x] NEIN).
- Ina nach 30 Minuten (um 19:30 Uhr) eine Rast einlegt ([x] JA).
- Inas durchschnittliche Geschwindigkeit zu Beginn ihrer Fahrt 4 km in 15 Minuten, also 16 km in 60 Minuten bzw. $16\,\frac{\text{km}}{\text{h}}$ beträgt ([x] NEIN).

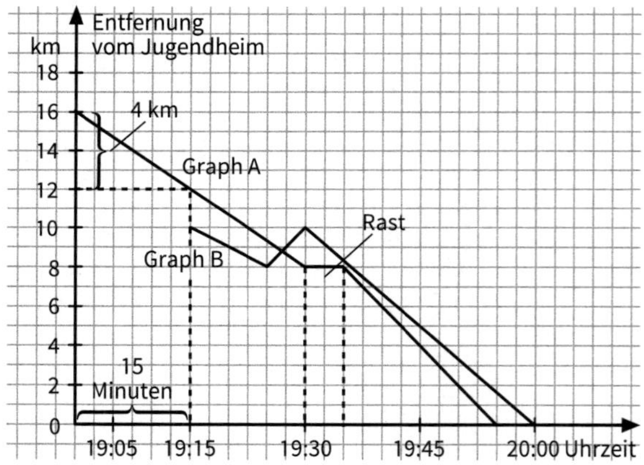

b) Eine mögliche Beschreibung wäre: Paul steigt um 19:15 Uhr auf sein Fahrrad und macht sich auf den Weg zum Jugendheim. Nach 2 km Fahrt (oder nach 10 Minuten) stellt er fest, dass er seinen Haustürschlüssel zu Hause vergessen hat.
Er kehrt um und radelt schnell (mit der doppelten Geschwindigkeit wie zuvor) zurück.
Schon von weitem sieht er seinen Vater mit dem Schlüsselbund vor dem Haus auf ihn warten.
Nur ein kurzes Dankeschön und schon radelt Paul wieder los. Ohne Pause und mit gleichbleibender Geschwindigkeit legt er nun die 10 km lange Fahrt zurück. Paul trifft genau zu Beginn der Party um 20:00 Uhr am Jugendheim ein.

c) Paul startet um 19:15 Uhr. Wäre er 15 Minuten vor Ina um 19:45 Uhr angekommen, hätte er den 10 km langen Weg von Zuhause bis zum Jugendheim in 30 Minuten zurücklegen müssen.
Dies gelingt mit einer konstanten (gleichbleibenden) Geschwindigkeit von 10 km in 30 Minuten bzw. 20 km in 60 Minuten. Die Antwort lautet also: Paul hätte die gesamte Strecke mit einer konstanten Geschwindigkeit von $20\,\frac{\text{km}}{\text{h}}$ fahren müssen, um 15 Minuten vor Ina anzukommen.

54 ② Eine mögliche Lösung ist im Koordinatensystem dargestellt. Je langsamer die Wandergeschwindigkeit ist, desto geringer ist die Steigung des entsprechenden Graphenabschnitts.

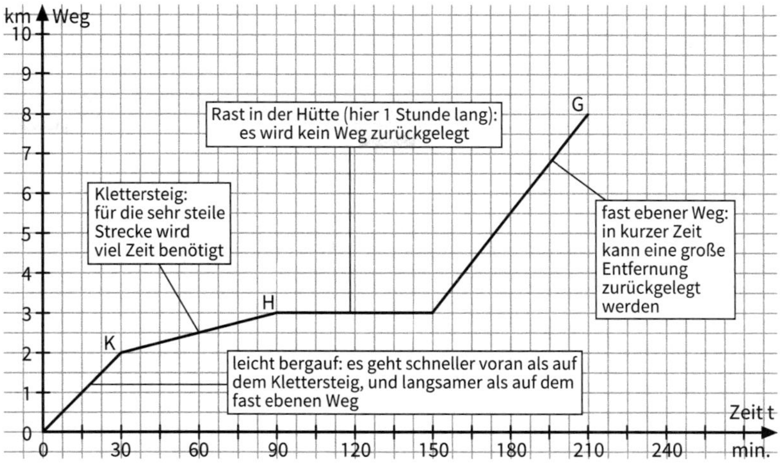

55 ① a) Die Aktie ist von 33,90 € (Grundwert G) um 3,70 € (Prozentwert W) gesunken.

$p\,\% = \frac{3{,}70\text{ €}}{33{,}90\text{ €}}$ $\quad p\,\% \approx 0{,}109 = 10{,}9\,\%$

b) $\frac{33{,}60\text{ €} + 32{,}10\text{ €} + 34{,}10\text{ €} + 34{,}60\text{ €} + 33{,}90\text{ €} + 30{,}20\text{ €}}{6} = 33{,}08\overline{3}\text{ €}$

Den Durchschnitt des letzten Jahres hat die Aktie nicht erreicht.

c) Der Eindruck entsteht dadurch, dass die €-Achse nicht bei 0 €, sondern bei 30 € beginnt.

d)

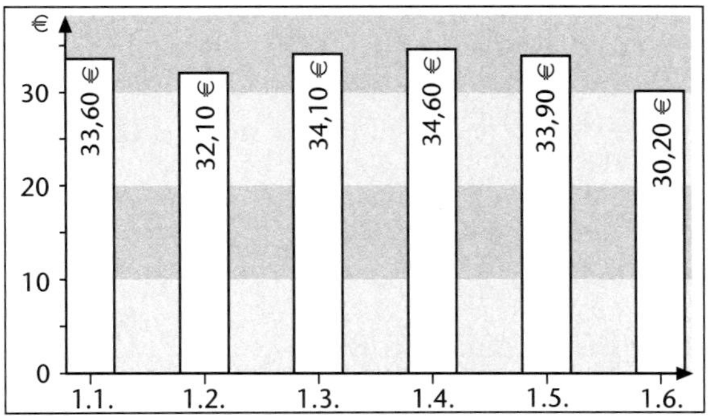

② a) 80 % (24 von 30) der Mädchen und Jungen aus der Klasse 7a haben an der Umfrage teilgenommen.

b) Die Klasse 7b besteht zu 50 % aus Mädchen und zu 50 % aus Jungen (50 % entspricht 180°).
87,5 % (14 von 16) Mädchen wurden befragt (87,5 % von 180° entspricht 157,5°).
75 % (12 von 16) Jungen wurden befragt (75 % von 180° entspricht 135°).

c) Da wegen der Mehrfachantworten die Summe der Prozentsätze über 100 % beträgt, eignet sich nur ein Säulendiagramm zur Darstellung der Ergebnisse.

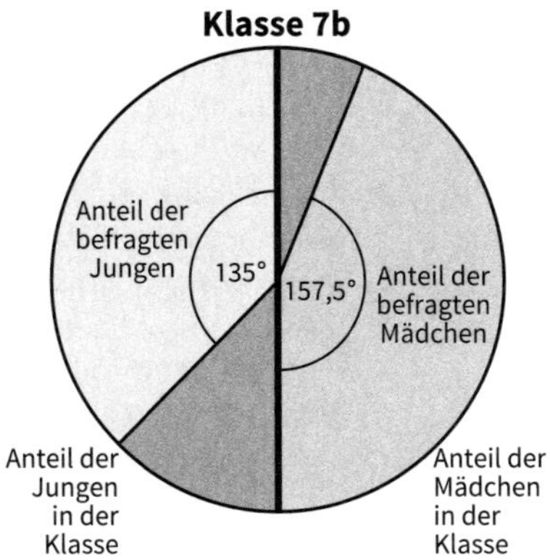

56 ① a) $x^2 = (3{,}4\text{ cm})^2 + (3\text{ cm})^2$
$x^2 = 23{,}24\text{ cm}^2$
$x \approx 4{,}5\text{ cm}$

b) $(3{,}8\text{ cm})^2 + x^2 = (4{,}5\text{ cm})^2$
$14{,}44\text{ cm}^2 + x^2 = 20{,}25\text{ cm}^2$
$x^2 = 5{,}81\text{ cm}^2$
$x \approx 2{,}4\text{ cm}$

c) $(4\text{ cm})^2 + x^2 = (5{,}6\text{ cm})^2$
$16\text{ cm}^2 + x^2 = 31{,}36\text{ cm}^2$
$x^2 = 15{,}36\text{ cm}^2$
$x \approx 3{,}9\text{ cm}$

d) $(3{,}8\text{ cm})^2 + x^2 = (5{,}1\text{ cm})^2$
$14{,}44\text{ cm}^2 + x^2 = 26{,}01\text{ cm}^2$
$x^2 = 11{,}57\text{ cm}^2$
$x \approx 3{,}4\text{ cm}$

$(3{,}4\text{ cm})^2 + y^2 = (4\text{ cm})^2$
$11{,}56\text{ cm}^2 + y^2 = 16\text{ cm}^2$
$y^2 = 4{,}44\text{ cm}^2$
$y \approx 2{,}1\text{ cm}$

56

② Der Streckenzug besteht aus 8 Strecken. Eine Möglichkeit, das Haus in einem Zug zu zeichnen und dabei keine Strecke zweimal zu durchlaufen, ist A→B→C→D→E→C→A→D→B.
Die Seiten des Quadrats ABCD sind 4 cm lang. Die Längen der anderen Strecken lassen sich durch Anwendung des Satzes des Pythagoras berechnen.

$(\overline{AC})^2 = (\overline{AB})^2 + (\overline{BC})^2$
$(\overline{AC})^2 = (4\text{ cm})^2 + (4\text{ cm})^2$
$(\overline{AC})^2 = 32\text{ cm}^2$
$\overline{AC} \approx 5{,}7\text{ cm}$

Die Diagonalen eines Quadrats sind gleich lang, also gilt $\overline{AC} = \overline{BD} \approx 5{,}7$ cm
Das Dreieck DCE ist rechtwinklig, also gilt: $(\overline{CD})^2 + (\overline{CE})^2 = (\overline{CD})^2 = (4\text{ cm})^2$
Das Dreieck DCE ist auch gleichschenklig, d. h. $\overline{CE} = \overline{DE}$ und $(\overline{CE})^2 = (\overline{DE})^2$
Dann ist $(\overline{CE})^2 + (\overline{DE})^2 = 2 \cdot (\overline{CE})^2 = (4\text{ cm})^2$

$2 \cdot (\overline{CE})^2 = 16\text{ cm}^2 \quad |:2$
$(\overline{CE})^2 = 8\text{ cm}^2$
$\overline{CE} \approx 2{,}8\text{ cm}$

Die Länge des gesamten Streckenzugs beträgt dann $4 \cdot 4\text{ cm} + 2 \cdot 5{,}7\text{ cm} + 2 \cdot 2{,}8\text{ cm} \approx 33$ cm.

③ Die Länge des Trageseils kann mithilfe des Satzes des Pythagoras berechnet werden.

$s^2 = (62\text{ m})^2 + (130\text{ m})^2$
$s^2 = 20\,744\text{ m}^2$
$s \approx 144\text{ m}$

Da es aber kaum möglich ist, ein langes Seil so straff zu spannen, dass es wie eine Gerade zwei Punkte verbindet, wird das Trageseil in Wirklichkeit etwas länger sein.

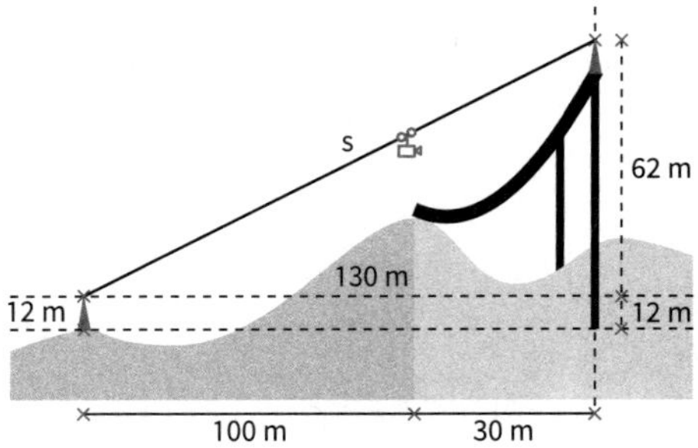

57

① Das Plastikband besteht aus zwei Halbkreisen, die zusammen einen Kreis bilden, und zwei Strecken der angegebenen Längen.

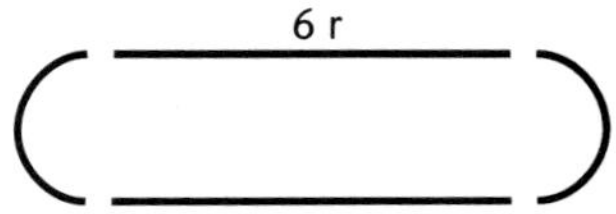

$l = 6r + 6r + 2\pi r$
$l = 6 \cdot 5\text{ cm} + 6 \cdot 5\text{ cm} + 2\pi \cdot 5\text{ cm}$
$l \approx 91{,}4\text{ cm}$

② Das Plastikband besteht aus drei Drittelkreisen, die zusammen einen Kreis bilden, und drei Strecken der angegebenen Längen.

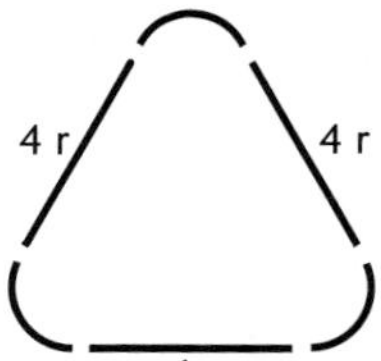

$l = 4r + 4r + 4r + 2\pi r = 12r + 2\pi r$
$l = 12 \cdot 6\text{ cm} + 2\pi \cdot 6\text{ cm}$
$l \approx 109{,}7\text{ cm}$

③ a) $\alpha = 60°$, nämlich der sechste Teil des Vollwinkels 360°;
β und γ sind gleich groß, weil das Dreieck gleichschenklig ist;
wegen der Winkelsumme von 180° gilt: $\beta = \gamma = 60°$.
Das Dreieck FME ist also gleichseitig.

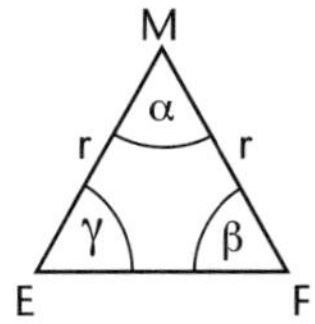

b) Die einzelnen Teilstrecken sind jeweils 8 cm lang, wie aus den Überlegungen zu Teilaufgabe a) folgt. $u_6 = 6 \cdot 8\text{ cm} = 48\text{ cm}$

c) $u_K = 2 \cdot \pi \cdot 8\text{ cm} \approx 50{,}3\text{ cm}$
$u_6 = 48\text{ cm}$ Der Kreis ist also um 2,3 cm größer.

2,3 cm von 48 cm $= \frac{2{,}3}{48} \approx 0{,}048 = 4{,}8\,\%$

Der Umfang des Kreises ist etwa 4,8 % größer als der Umfang des Sechsecks.

57

d) *1. Möglichkeit:*
Nach dem Satz des Pythagoras gilt:
$h^2 + (4\ cm)^2 = (8\ cm)^2$
$h^2 + 16\ cm^2 = 64\ cm^2 \quad | -16\ cm^2$
$h^2 = 48\ cm^2$
$h \approx 6,93\ cm$

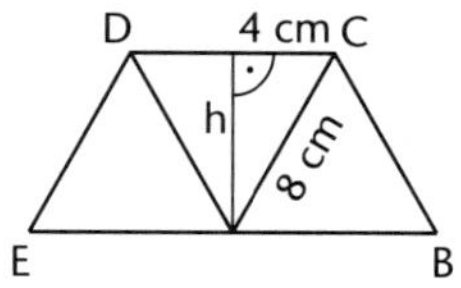

$A = \frac{a + c}{2} \cdot h \qquad A \approx \frac{16\ cm + 8\ cm}{2} \cdot 6,93\ cm$
$A \approx 83,16\ cm^2$

2. Möglichkeit:
ohne Trapezformel: Das Trapez besteht aus drei Dreiecken mit der Grundseite 8 cm und der Höhe 6,93 cm.
$A = 3 \cdot \frac{8\ cm \cdot 6,93\ cm}{2}$
$A = 83,16\ cm^2$

e) Der Flächeninhalt vervierfacht sich (Streckfaktor: $k = 2$, $k^2 = 4$). Der Umfang verdoppelt sich ($k = 2$).

④ Es gilt $A = 0,25\ m^2$
$a^2 = 0,25\ m^2$
$a = 0,5\ m$
Der Kreis hat einen Durchmesser von 0,5 m und deshalb einen Radius von 0,25 m.
a) $A_K = \pi \cdot (0,25\ m)^2 \qquad u_K = 2\pi \cdot 0,25\ m$
$A_K \approx 0,196\ m^2 \qquad u_K \approx 1,57\ m$
b) Von $0,25\ m^2$ Platte werden $0,25\ m^2 - 0,196\ m^2 = 0,054\ m^2$ als Abfall abgesägt.
Abfall in %: $p\,\% = \frac{0,054\ m^2}{0,25\ m^2} = 0,216 = 21,6\,\%$ Abfall

58

① a) Das Volumen des Quaders berechnet sich aus $40\ cm \cdot 15\ cm \cdot 30\ cm = 18\,000\ cm^3$.
b) Pro Minute fließen $150\ cm^3$ in den Behälter ein, für $18\,000\ cm^3$ werden dann $18\,000\ cm^3 : \frac{150\ cm^3}{min} = 120$ Minuten, also 2 h benötigt.
c) Da der Behälter gleichmäßig gefüllt wird, ist die zugehörige Funktion linear und der Funktionsgraph eine Gerade. Um den Graph zeichnen zu können, braucht man nur 2 Punkte.
- Der Graph verläuft durch den Punkt P (0 | 0), da der Behälter zu Beginn keine Flüssigkeit enthält, die Füllhöhe also 0 cm beträgt.
- Nach 120 Minuten ist der Behälter voll, d. h. die Füllhöhe nach 120 Minuten entspricht der Höhe des Behälters, nämlich 30 cm. Damit kennen wir einen zweiten Punkt des Graphen: Q (120 | 30).

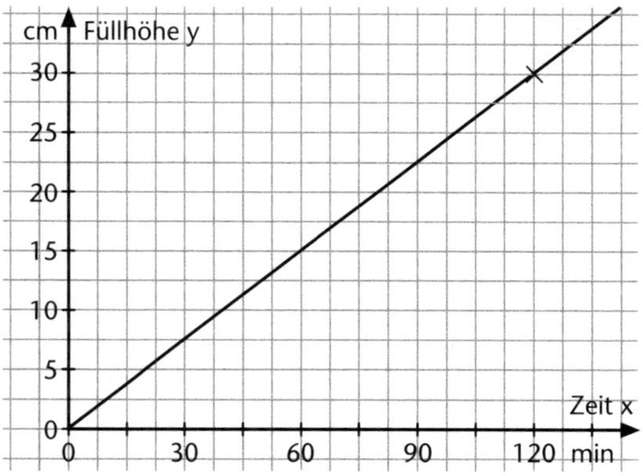

d) Die zugehörige Funktionsgleichung hat die Form $y = m \cdot x + n$. $n = 0$, weil der Behälter zu Beginn leer ist. Den Wert für m kann man aus dem Graphen ablesen:
$n = 0$ und $m = \frac{30}{120} = \frac{1}{4}$. Die gesuchte Funktionsgleichung lautet also: $y = 0,25x$.

② a) $V = V_1 + V_2$
$V = 40\ cm \cdot 15\ cm \cdot 10\ cm + 20\ cm \cdot 15\ cm \cdot 20\ cm$
$V = 6\,000\ cm^3 + 6\,000\ cm^3$
$V = 12\,000\ cm^3$
Da $150\ cm^3$ in der Minute in den Behälter fließen, dauert der Füllvorgang $12\,000\ cm^3 : 150\ \frac{cm^3}{min} = 80$ Minuten.

58

b) Bei diesem zusammengesetzten Körper ist auch der zugehörige Graph aus Teilgraphen zusammengesetzt, die jeweils den Füllvorgang eines Teilkörpers beschreiben. Der Teilkörper 1 ist in $6\,000\ \text{cm}^3 : 150\ \frac{\text{cm}^3}{\text{min}} = 40$ Minuten gefüllt. Die Füllhöhe beträgt zu diesem Zeitpunkt 10 cm. Die Punkte (0 | 0) und (40 | 10) bestimmen diesen Teil des Graphen. Der Teilkörper 2 ist ebenfalls in 40 Minuten gefüllt. Die Füllhöhe beträgt anfangs 10 cm, bei vollständig gefülltem Körper 30 cm. Die Punkte (40 | 10) und (80 | 30) bestimmen diesen Teil des Graphen.

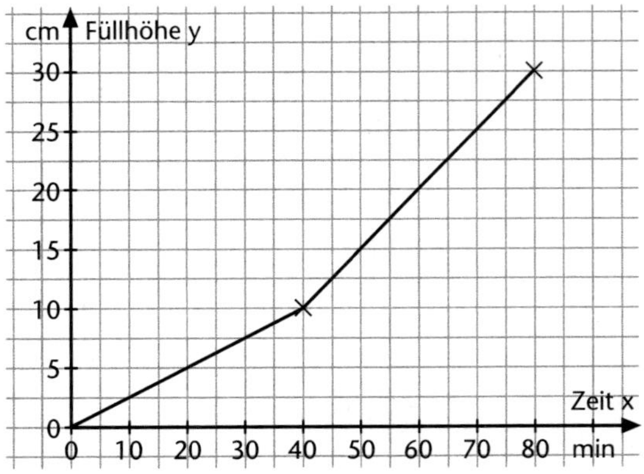

③ a)

Gefäß	Graph	mögliche Begründung
A	④	Der untere Teil des Körpers hat einen geringeren Querschnitt als der obere. Bei gleichmäßiger Befüllung muss der Graph also einen Wechsel von einem schnelleren zu einem langsameren Füllvorgang zeigen. Da es sich bei beiden Teilkörpern um Quader handelt, verläuft der Füllvorgang stückweise linear.
B	③	Der untere Teil des Körpers hat einen geringeren Querschnitt als der obere. Bei gleichmäßiger Befüllung muss der Graph also einen Wechsel von einem schnelleren zu einem langsameren Füllvorgang zeigen. Da der obere Teil die Form eines Kegelstumpfes besitzt, verläuft der Füllvorgang nur für den unteren Teil anfangs linear.
C	①	Für Quader D und Quader C sind die Füllvorgänge linear. Da die Grundfläche des Quaders D größer ist als die des Quaders C, verläuft der Füllvorgang des Quaders D deutlich langsamer als der des Quaders C. Der Graph mit der geringeren Steigung gehört also zum Quader D.
D	②	

b) Eine mögliche Lösung ist ein aus drei Teilquadern zusammengesetztes Gefäß:

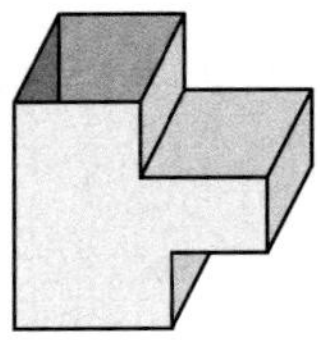

59

① Richtig ist: „jeder vierte“ und 25 %.

② (1) → (D) jeder zweite → 50 %
(2) → (E) fast die Hälfte → 49 %
(3) → (A) 10 % → ein Zehntel
(4) → (B) niemand → 0 %
(5) → (C) 100 % → alle

③ (A) Jeder vierte Junge bedeutet: Unter 100 Jungen befinden sich 25 Jungen, die aktives Mitglied eines Sportvereins sind.
Die Angabe von 4 % im Text ist also falsch.
Richtig müsste es heißen:
Jeder vierte Junge (25 %) der Klassenstufe 10 ist aktives Mitglied eines Sportvereins.

(B) Ein Zwanzigstel und 5 % beschreiben den gleichen Anteil, denn:
$\frac{1}{20} = \frac{5}{100} = 5\,\%$. Daher ist die Formulierung „Letztes Jahr waren es sogar 5 %“ falsch.
Richtig müsste es heißen:
Letztes Jahr waren es ebenfalls 5 %.

(C) Ein Fünftel aller Siebtklässler bedeutet: Von 100 Siebtklässlern kommen 20 mit dem Bus zur Schule, also 20 %.
Da ein Anteil von 25 % größer ist als ein Anteil von 20 %, ist die Formulierung „Unter den Achtklässlern sind es mit 25 % deutlich weniger“ falsch.
Richtig müsste es heißen:
Unter den Achtklässlern sind es mit 25 % deutlich mehr.

59 **④** Die Meldung beinhaltet zwei Fehler.

- Der erste Fehler steckt in der Formulierung „Die letzte Saison fiel dagegen deutlich besser aus". Jedes dritte Spiel zu gewinnen bedeutet z. B., bei vier von zwölf Spielen als Sieger vom Platz zu gehen.
  Jedes sechste Spiel zu gewinnen bedeutet dagegen in diesem Beispiel, nur bei zwei von zwölf Spielen siegreich zu sein.
- Der zweite Fehler liegt in der Angabe „Steigerung um 50 %". Tatsächlich gewinnt die C-Mannschaft nur noch halb so viele Spiele; richtig wäre es, von einer Verminderung um 50 % zu sprechen.

⑤ Die Meldung beinhaltet zwei Fehler.
Der erste mathematische Fehler steckt in der Formulierung „nur noch".
Früher: Jeder zehnte Autofahrer rast. Heute: Jeder fünfte Autofahrer rast.
Wenn also heute jeder fünfte statt früher jeder zehnte Autofahrer zu schnell fährt, dann hat sich die Zahl der Raser erhöht.
Der zweite Fehler liegt in der Angabe „fünf Prozent".
Jeder fünfte Autofahrer bedeutet, dass sich unter jeweils fünf Autofahrern ein Raser befindet.
Unter 100 Autofahrern sind dann 20 Raser zu finden, also: 20 von 100 oder 20 % der Autofahrer fahren zu schnell.
Richtig müsste die Meldung also lauten: „Fuhr vor einigen Jahren noch jeder zehnte Autofahrer zu schnell, so ist es heute sogar jeder fünfte. 20 Prozent sind natürlich viel zu viel, und so wird weiterhin kontrolliert, und die Schnellfahrer haben zu zahlen."

60 **①** a) Die Länge der Strecke $\overline{OM}$ entspricht dem y-Achsen-Abschnitt der Parabel.
Der Punkt M hat die x-Koordinate 0.
Für $x = 0$ gilt $y = -0{,}04 \cdot 0^2 + 38$
$y = 38$
Die Länge der Strecke $\overline{OM}$ beträgt demnach 38 m.

b) Die Punkte A und B liegen symmetrisch zur y-Achse auf der x-Achse. Dabei ist $y = 0$, also ist die Gleichung
$0 = -0{,}04x^2 + 38$ zu lösen.
$0{,}04x^2 = 38$
$x^2 = \frac{38}{0{,}04}$
$x^2 = 950$
$x_1 = \sqrt{950}$ *oder* $x_2 = -\sqrt{950}$
$x_1 \approx 30{,}8$ $x_2 \approx -30{,}8$
Die Strecke $\overline{AB}$ ist rund 61,6 m lang (30,8 · 2).

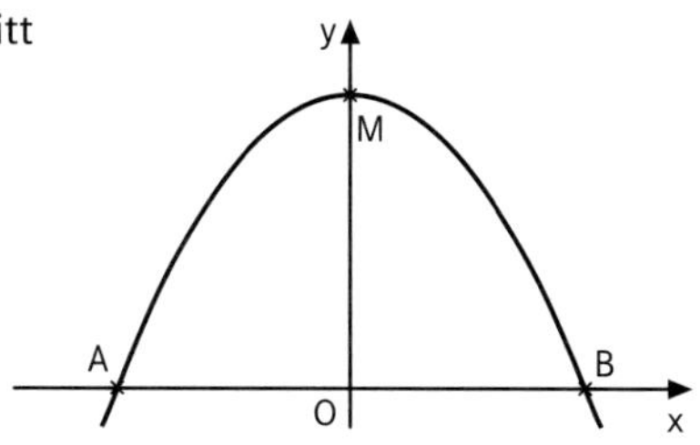

$y = -0{,}04x^2 + 38$

② Gesucht ist die positive Nullstelle der Parabel.
$-0{,}08x^2 + 0{,}4x + 0{,}7 = 0 \quad |:(-0{,}08)$
$x^2 - 5x - 8{,}75 = 0$
$x_{1/2} = 2{,}5 \pm \sqrt{6{,}25 + 8{,}75}$
$x_{1/2} = 2{,}5 \pm \sqrt{15}$
$x_{1/2} \approx 2{,}5 \pm 3{,}87$
$x_1 \approx 6{,}37$; x_2 ist negativ und spielt in diesem Sachzusammenhang keine Rolle.
Der Springer setzt 6,37 m vom Absprungbalken entfernt im Sand auf.

③ Der Mittelpunkt M des Korbringes hat die Koordinaten M (11,2 | 2,52). Dabei ergibt sich 11,2 m als die Differenz von 14 m und 2,80 m. Für den Funktionswert an dieser Stelle gilt:
$y = -0{,}032 \cdot 11{,}2^2 + 0{,}387 \cdot 11{,}2 + 2{,}2$
$= -4{,}01408 + 4{,}3344 + 2{,}2 = 2{,}52032 \approx 2{,}52$
Elke trifft den Korbring fast genau in der Mitte.

60

(4) a) Der Punkt (0|0) gehört zum Graphen der Funktion:

$0 = a \cdot 0^2 + b \cdot 0 + c$

$0 = c$

b) Die Parabel hat eine Funktionsgleichung der Form $y = ax^2 + bx$

Für $P_1(50|14)$ ergibt sich die Gleichung I. $14 = a \cdot 50^2 + b \cdot 50$

I. $14 = 2500a + 50b$

Für $P_2(100|0)$ ergibt sich die Gleichung II. $0 = a \cdot 100^2 + b \cdot 100$

II. $0 = 10000a + 100b$

Zu lösen ist dann das folgende Gleichungssystem:

I. $2500a + 50b = 14 \quad | \cdot (-2)$

II. $10000a + 100b = 0$

I. $-5000a - 100b = -28$

II. $10000a + 100b = 0$ (+)

$5000a = -28$

$a = -0{,}0056$

Einsetzen von $a = -0{,}0056$ in II.:

$10000 \cdot (-0{,}0056) + 100b = 0$

$-56 + 100b = 0$

$100b = 56$

$b = 0{,}56$

Die Funktionsgleichung heißt $y = -0{,}0056x^2 + 0{,}56x$.

61

(1) a) Zur Berechnung des Flächeninhalts fehlt die Höhe h, die man mit dem Satz des Pythagoras ermittelt.

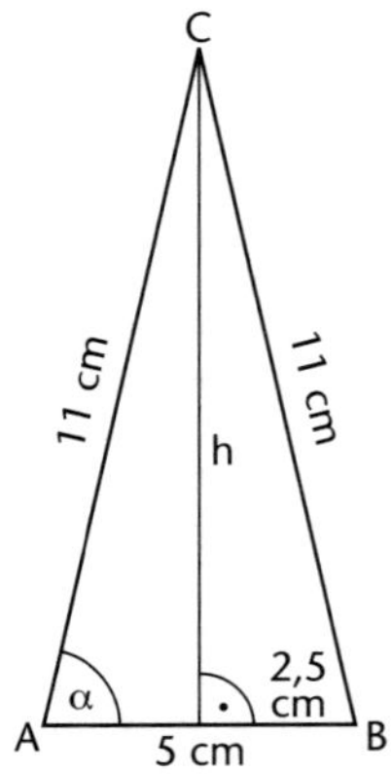

$h^2 + (2{,}5\text{ cm})^2 = (11\text{ cm})^2 \quad |-2{,}5^2$

$h^2 = (11\text{ cm})^2 - (2{,}5\text{ cm})^2$

$h^2 = 114{,}75\text{ cm}^2 \quad |\sqrt{\ }$

$h \approx 10{,}7\text{ cm}$

Das Dreieck ist etwa 10,7 cm hoch.

$A = \frac{g \cdot h}{2} \approx \frac{5\text{ cm} \cdot 10{,}7\text{ cm}}{2} = 26{,}75\text{ cm}^2$

Der Flächeninhalt des Dreiecks beträgt ca. 26,75 cm².

b) α kann man mit dem Kosinus berechnen.

$\cos\alpha = \frac{\text{Ankathete von } \alpha}{\text{Hypotenuse}} = \frac{2{,}5\text{ cm}}{11\text{ cm}}$

$\cos\alpha = 0{,}2\overline{27}$

$\alpha \approx 76{,}9°$

Da das Dreieck gleichschenklig ist, gilt auch $\beta \approx 76{,}9°$

Für γ arbeitet man mit der Winkelsumme im Dreieck:

$76{,}9° + 76{,}9° + \gamma = 180°$

$153{,}8° + \gamma = 180° \quad |-153{,}8°$

$\gamma = 26{,}2°$

Die Innenwinkel des Dreiecks sind etwa 76,9°, 76,9° und 26,2° groß.

(2) a) Berechnung des Flächeninhalts der trapezförmigen Grundfläche:

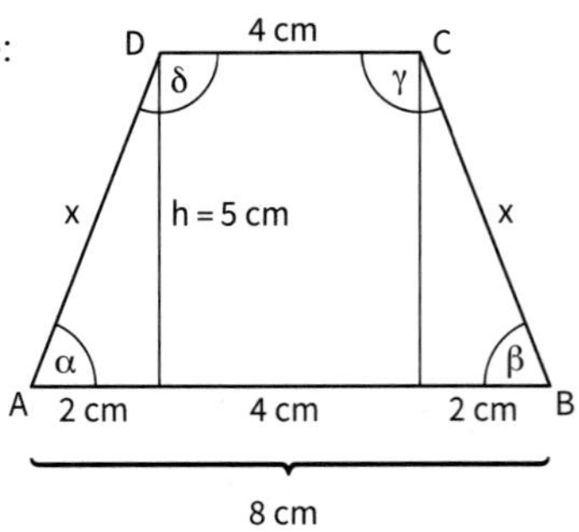

$G = \frac{(a + c)}{2} \cdot h = \frac{(4\text{ cm} + 8\text{ cm})}{2} \cdot 5\text{ cm} = 30\text{ cm}^2$

Berechnung des Volumens:

$V = G \cdot h$

$V = 30\text{ cm}^2 \cdot 14\text{ cm}$

$V = 420\text{ cm}^3$

Das Werkstück hat ein Volumen von 420 cm³.

61

b) $O = 2G + M$ (Formel Oberflächeninhalt eines Prismas)
Der Mantel M ist ein Rechteck, dessen Länge der Umfang der Grundfläche und dessen Breite 14 cm ist.
Für den Umfang der Grundfläche benötigt man die Länge x (siehe Zeichnung Seite 24), die man mit dem Satz des Pythagoras berechnen kann.

$x^2 = (5\text{ cm})^2 + (2\text{ cm})^2$
$x^2 = 25\text{ cm}^2 + 4\text{ cm}^2$
$x^2 = 29\text{ cm}^2 \quad |\sqrt{\ }$
$x_1 \approx 5{,}385\text{ cm} \quad (x_2 = -5{,}385)$

Der Umfang u der Grundfläche berechnet sich so: $u = 2 \cdot x + 8\text{ cm} + 4\text{ cm}$
$u \approx 10{,}77\text{ cm} + 12\text{ cm}$
$u \approx 22{,}77\text{ cm}$

$M = u \cdot h$
$M \approx 22{,}77\text{ cm} \cdot 14\text{ cm}$
$M \approx 318{,}78\text{ cm}^2$ Aus a) ist bekannt: $G = 30\text{ cm}^2$.
$O = 2 \cdot G + M$
$O \approx 2 \cdot 30\text{ cm}^2 + 318{,}78\text{ cm}^2$
$O \approx 378{,}78\text{ cm}^2$

Der Oberflächeninhalt des Werkstücks beträgt ca. $378{,}78\text{ cm}^2$.

c) Bei einem gleichschenkligem Trapez gilt $\alpha = \beta$ und $\gamma = \delta$, außerdem $\alpha + \delta = 180°$

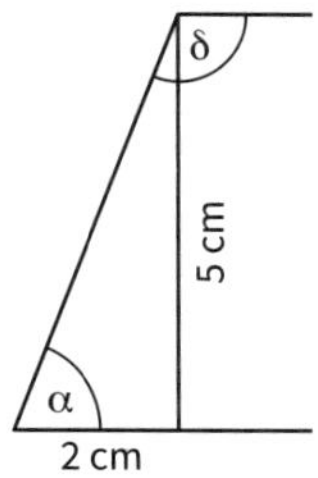

$\tan\alpha = \frac{\text{Gegenkathete}}{\text{Ankathete}} = \frac{5}{2} = 2{,}5$

$\tan\alpha = 2{,}5$
$\alpha \approx 68{,}2°$
$\delta \approx 180° - 68{,}2°$
$\delta \approx 111{,}8°$

Die Innenwinkel der Trapezfläche sind etwa 68,2°, 68,2°, 111,8° und 111,8° groß.

(3) a) Der Strafraum mit Torraum ist ein Rechteck mit einer Breite von 16,5 m und einer Länge von 16,5 m + 7,32 m + 16,5 m, also 40,32 m.

$A_1 = 16{,}5\text{ m} \cdot 40{,}32\text{ m}$
$A_1 = 665{,}28\text{ m}^2$

Der Torraum ist 5,5 m breit und 18,32 m lang.

$A_2 = 5{,}5\text{ m} \cdot 18{,}32\text{ m}$
$A_2 = 100{,}76\text{ m}^2$
$A_1 - A_2 = 665{,}28\text{ m}^2 - 100{,}76\text{ m}^2$
$= 564{,}52\text{ m}^2$

Der Strafraum außerhalb des Torraums ist ungefähr 565 m^2 groß.

b) Zunächst wird die Entfernung y vom 11-m-Punkt bis zum Fußpunkt des Tores mithilfe des Satzes des Pythagoras berechnet (siehe Zeichnung). 3,66 m ist die Hälfte von 7,32 m.

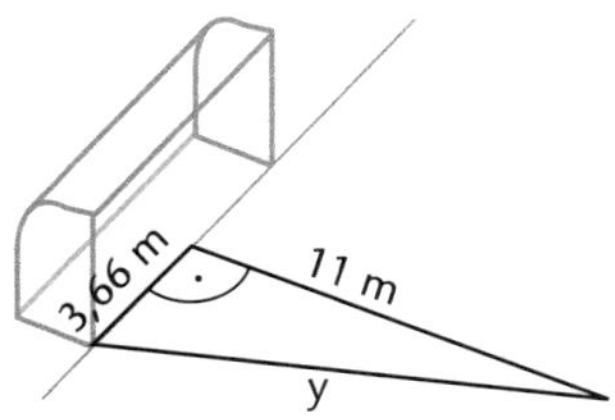

$y^2 = (11\text{ m})^2 + (3{,}66\text{ m})^2$
$y^2 = 134{,}3956\text{ m}^2 \quad (y \approx 11{,}59\text{ m})$

Für die eigentlich gesuchte Strecke x gilt die zweite Zeichnung.
2,44 m ist die Höhe des Tores.

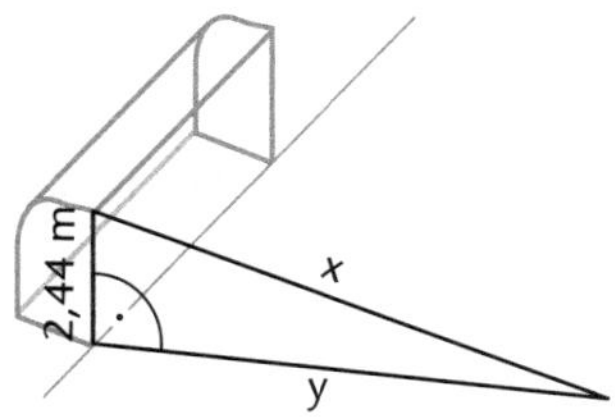

$x^2 = y^2 + (2{,}44\text{ m})^2$
$x^2 = 134{,}3956\text{ m}^2 + 5{,}9536\text{ m}^2$
$x^2 = 140{,}3492\text{ m}^2 \quad |\sqrt{\ }$
$x \approx 11{,}85\text{ m}$

Der Ball legt rund 11,85 m zurück.

c) $\tan\alpha = \frac{\text{Gegenkathete}}{\text{Ankathete}} = \frac{2{,}44}{11{,}59}$

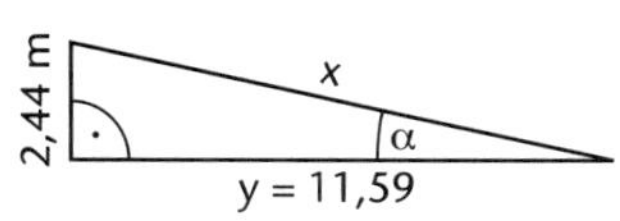

$\tan\alpha \approx 0{,}211$
$\alpha \approx 11{,}9°$

Der Ball hebt unter einem Winkel von knapp 12° vom Boden ab.

61 ④ Für den Flächeninhalt A eines Parallelogramms gilt:

$A = g \cdot h$

$A = 8{,}5\ \text{cm} \cdot 4{,}2\ \text{cm}$

$A = 35{,}7\ \text{cm}^2$

Der Flächeninhalt des Parallelogramms beträgt $35{,}7\ \text{cm}^2$.

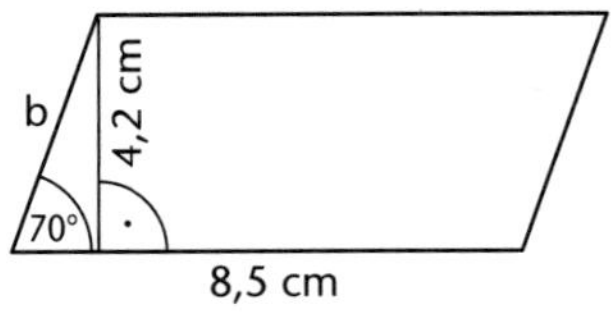

Für den Umfang benötigt man die Länge b.

$\sin 70° = \frac{\text{Gegenkathete}}{\text{Hypotenuse}} = \frac{4{,}2}{b} \qquad | \cdot b$

$b \cdot \sin 70° = 4{,}2 \qquad | : \sin 70°$

$b = 4{,}2 : \sin 70°$

$b \approx 4{,}47\ \text{cm}$

$u = 2a + 2b \approx 2 \cdot 8{,}5\ \text{cm} + 2 \cdot 4{,}47\ \text{cm} = 25{,}94\ \text{cm}$

Der Umfang des Parallelogramms beträgt rund 25,9 cm.

62 ① Zunächst wandelt man die Prozentangaben in Dezimalbrüche um:

55 % = 0,55; 35 % = 0,35; 40 % = 0,4

Der gesuchte relative Anteil der Jungen, die mit dem Fahrrad zur Schule kommen, wird mit x bezeichnet.

Folglich ist der relative Anteil der Jungen, die nicht mit dem Fahrrad zur Schule kommen, (1 – x).

Im Baumdiagramm multiplizieren sich die Anteile längs eines Pfades.

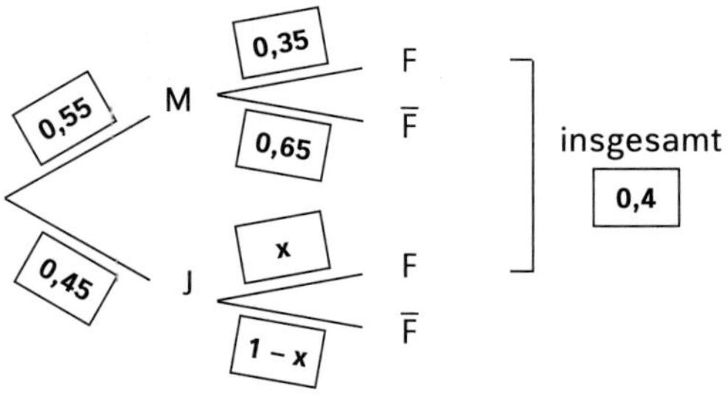

Mädchen mit Fahrrad:

0,55 M 0,35 F (0,1925)

Jungen mit Fahrrad:

0,45 J ·x F (0,45x)

insgesamt **0,4**

Daraus ergibt sich die folgende Gleichung:

$0{,}1925 + 0{,}45x = 0{,}4 \qquad | -0{,}1925$

$0{,}45x = 0{,}2075 \qquad | : 0{,}45$

$x \approx 0{,}461$

Etwa 46 % der Jungen kommen mit dem Fahrrad zur Schule.

② a) Wir wissen, dass zwei Drittel ($\frac{2}{3} \approx 0{,}67 = 67\,\%$) der Konfektstücke die Form eines Quaders besitzen, der Rest (also ein Drittel) ist zylinderförmig.

$\frac{1}{3} \approx 0{,}33 = 33\,\%$

b) Zunächst ermitteln wir die Anzahl der zylinderförmigen Konfektstücke: $\frac{1}{3}$ von 60 = 20

Wir wissen, dass 12 Konfektstücke zylinderförmig sind und nach Kokos schmecken.

Folglich gibt es 8 (= 20 – 12) Konfektstücke, die zylinderförmig sind und nach Kakao schmecken.

c) Die Wahrscheinlichkeit, ein quaderförmiges Konfekt mit Kokosgeschmack aus der vollen Tüte zu ziehen, ergibt sich aus der relativen Häufigkeit für diese Merkmalskombination.

Wir wissen, dass zwei Drittel der 60 Konfektstücke die Form eines Quaders besitzen.

Es gibt also insgesamt 40 quaderförmige Konfektstücke in der Tüte.

Zudem wissen wir, dass ein Drittel des Konfekts Kakaogeschmack hat und damit folglich zwei Drittel der 60 Konfektstücke nach Kokos schmecken.

Aus b) wissen wir, dass 12 Konfektstücke zylinderförmig sind und nach Kokos schmecken.

Dies stellt man am besten übersichtlich in einer Häufigkeitstabelle oder einem Baumdiagramm dar und ermittelt die absoluten Häufigkeiten.

	Kakao	Kokos	insgesamt
zylinderförmig	20 – 12 = 8	12	20
quaderförmig	12	40 – 12 = 28	40
insgesamt	20	40	60

Unter den 60 Konfektstücke gibt es also 28 quaderförmige Lakritzstücke, die nach Kokos schmecken.

Also: P(quaderförmig und Kokos) = $\frac{28}{60} \approx 0{,}47 = 47\,\%$

Die Wahrscheinlichkeit, ein quaderförmiges Konfekt mit Kokosgeschmack aus der vollen Tüte zu ziehen, beträgt also 47 %.

62 Ein anderer Lösungsweg besteht darin, die relativen Häufigkeiten für die einzelnen Merkmale und deren Kombination zu berechnen, und in ein Baumdiagramm einzutragen.

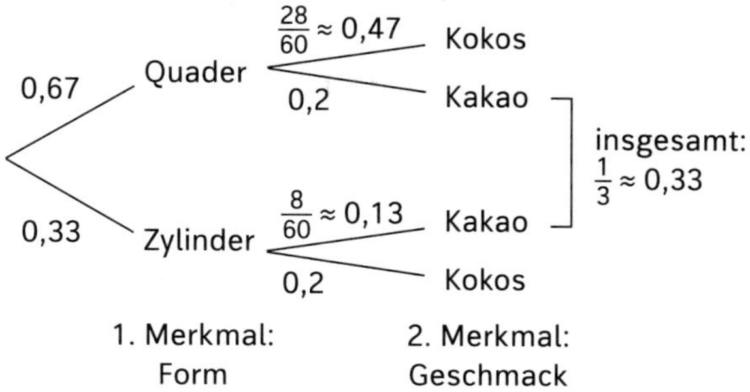

③ a) Die fehlenden Daten ergeben sich durch Rückwärtsrechnen aus den Gesamtzahlen und den Häufigkeiten des Gegenereignisses. Da es 300 Personen sind und 196 Personen die Pizza schmeckt, bleiben 300 – 196 = 104 Personen übrig, denen die Pizza nicht schmeckt. Von den 120 Jugendlichen geben 48 an, dass ihnen die Pizza nicht schmeckt, also haben 120 – 48 = 72 gesagt, dass ihnen die Pizza schmeckt.
Von den 196 Personen, denen die Pizza schmeckt, zieht man die 72 Jugendlichen ab und erhält, dass 124 Erwachsenen die Pizza schmeckt. Entsprechend berechnet man die Anzahl der Erwachsenen, denen die Pizza nicht schmeckt: 104 – 48 = 56.
Addiert man 124 und 56 erhält man die Anzahl aller Erwachsenen, also 180. Dieses Ergebnis kann man auch ermitteln, indem man von den 300 Personen der Umfrage die 120 Jugendlichen abzieht: 300 – 120 = 180 (Erwachsene). Die Tabelle ermöglicht damit ganz automatisch auch eine Probe der Rechnung.

	schmeckt	schmeckt nicht	gesamt
Erwachsene	**124**	56	**180**
Jugendliche	**72**	48	120
gesamt	196	**104**	300

b) Es gibt 180 Erwachsene. Davon geben 56 an, dass ihnen die Pizza nicht schmeckt. Damit ist die Wahrscheinlichkeit, dass einem Erwachsenen die Pizza nicht schmeckt:
$p = \frac{56}{180} = \frac{14}{45} \approx 31\,\%$.

63 ① 1 Stunde für 72 km
30 Minuten für 36 km
1 Stunde 30 Minuten für 108 km
Die Bahnstrecke ist 108 km lang.

② a) Für Wohnen/Energie geben die Bundesbürger etwa fünfmal so viel aus wie für Telekommunikation.
Für Freizeit/Kultur geben die Bundesbürger etwa doppelt so viel aus wie für Gaststätten/Hotels.
Für Essen/Trinken geben die Bundesbürger etwa doppelt so viel aus wie für Kleidung/Schuhe.
b) Familie Wagner gibt für Wohnen/Energie etwa 9 600 € aus (das 30-Fache von 320 €), für Verkehr etwa 4 200 € (das 30-Fache von 140 €).

64 ① $u_1 = 2a + 2b$
$\cdot 2$ $u_2 = 2 \cdot (2a) + 2 \cdot (2b)$
$u_2 = 2\,(2a + 2b)$
☒ Der Umfang verdoppelt sich.

② $A_1 = \pi r^2 \xrightarrow{\cdot 16}$
$A_2 = \pi \cdot (4r)^2 \rightarrow A_2 = \pi \cdot 16r^2 \rightarrow A_2 = 16 \cdot (\pi r^2)$
☒ Der Flächeninhalt versechzehnfacht sich.

64 ③ $V_1 = a^3 \xrightarrow{\cdot \frac{1}{8}}$

$V_2 = (\frac{1}{2}a)^3 \rightarrow V_2 = \left(\frac{1}{2}\right)^3 \cdot a^3 \rightarrow V_2 = \frac{1}{8}a^3$

Das Volumen verringert sich auf ein Achtel.

④ Nennt man den Radius der kleinen Kugeln r, so hat die große Kugel den Radius 2r.
$4 \cdot V_1$ ist das gesamte Volumen aller kleinen Kugeln, V_2 das Volumen der großen Kugel.

$4V_1 = 4 \cdot \frac{4}{3}\pi \cdot r^3$ $\qquad V_2 = \frac{4}{3}\pi(2r)^3$

$4V_1 = \frac{16}{3}\pi r^3$ $\qquad V_2 = \frac{4}{3}\pi \cdot 8r^3$

$\cdot 2$ / $:2$ $\qquad V_2 = \frac{32}{3}\pi r^3$

Die vier kleinen Kugeln haben zusammen das halbe Volumen der großen Kugel, wiegen also zusammen 3,5 kg.

⑤ a) $O_1 = 2\,ab + 2\,ac + 2\,bc$ $\qquad O_2 = 2 \cdot (2a)(2b) + 2\,(2a)(2c) + 2\,(2b)(2c)$

$\cdot 4$ / $:4$ $\qquad O_2 = 8ab + 8ac + 8bc$

$O_2 = 4\,(2ab + 2ac + 2bc)$ $\qquad$ Der Oberflächeninhalt vervierfacht sich.

b) $V_1 = a \cdot b \cdot c$ $\qquad V_2 = (2a) \cdot (2b) \cdot (2c)$

$\cdot 8$ / $:8$ $\qquad V_2 = 8\,(a \cdot b \cdot c)$ $\qquad$ Das Volumen verachtfacht sich.

⑥ Generell gilt: Werden die Kantenlängen im Körper um den Faktor k vergrößert oder verkleinert, vergrößert oder verkleinert sich der Oberflächeninhalt um den Faktor k^2 und das Volumen um den Faktor k^3.
Im Bild wird deutlich, dass die gesamte Pyramide aus der Pyramidenspitze entsteht, wenn man die Kanten um den Faktor 4 vergrößert (Ähnlichkeit).

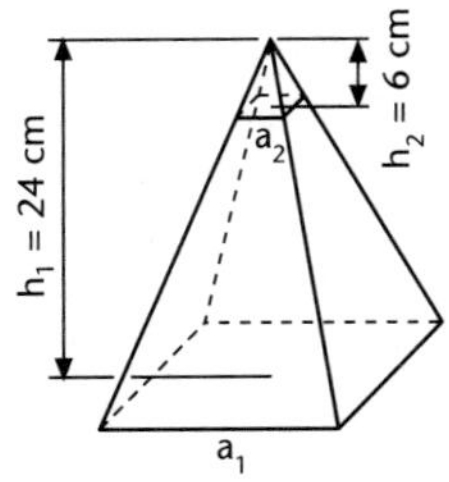

a) Die gesamte Pyramide hat das 4^3-Fache, also das 64-Fache Volumen der Spitze. Deshalb wiegt die abgeschnittene Spitze 31,25 g (2 000 g : 64).
b) Die gesamte Pyramide hat die 4^2-Fache, also die 16-Fache Oberfläche der Spitze. Deshalb ist der Wert ☒ $\frac{1}{16}$ anzukreuzen.

65 ① a)

Euro	US-Dollar
6 360 000	7 850 000
636	785
1	$\frac{785}{636} \approx 1{,}2343$

b) Silber 90 %:
$1\text{ cm}^3 \cdot 0{,}9 \cdot 10{,}5\,\frac{\text{g}}{\text{cm}^3} = 9{,}45\text{ g}$
Kupfer 10 %:
$1\text{ cm}^3 \cdot 0{,}1 \cdot 8{,}9\,\frac{\text{g}}{\text{cm}^3} = 0{,}89\text{ g}$

1 cm^3 der Silberlegierung hat eine Masse von 10,34 g.

Dichte der Silberlegierung: $10{,}34\,\frac{\text{g}}{\text{cm}^3}$

c) Angaben aus der Tabelle:
Masse: 27 g $\qquad$ Dichte: $10{,}34\,\frac{\text{g}}{\text{cm}^3}$

Durchmesser der Münze: d = 4 cm
Radius der Münze: r = 2 cm
1. Schritt: Bestimmung des Volumens:

Masse (g) = Dichte $\left(\frac{\text{g}}{\text{cm}^3}\right) \cdot V\,(\text{cm}^3)$, also $V = \frac{27}{10{,}34}\text{ cm}^3 \approx 2{,}6\text{ cm}^3$

2. Schritt: Bestimmung der Dicke der Münze:
Da der Dollar die Form eines Zylinders hat, nutzt man die Volumenformel
$V = \pi \cdot r^2 \cdot h$ und formt sie nach h um:

$h = \frac{V}{\pi \cdot r^2} = \frac{2{,}6\text{ cm}^3}{\pi \cdot (2\text{ cm})^2} \approx 0{,}2\text{ cm} = 2\text{ mm}$

Der Silberdollar ist etwa 2 mm dick.

d) Materialwert: $0{,}80\,\frac{€}{\text{g}} \cdot 27\text{ g} = 21{,}60$ €
Rekordsumme: 7 850 000 €
G = 21,60 €
W = 6 360 000 €

$p\,\% = \frac{G \cdot p}{100}$, also $p = \frac{W}{G} \cdot 100 = \frac{6\,360\,000\text{ €}}{21{,}60\text{ €}} \cdot 100 \approx 29\,544\,444\,\%$

Der Verkaufspreis entspricht mehr als 29 Mio. % des Materialwerts.

65 ② a) Folgende Maße sind gegeben:
$d = 12$ cm, also $r = 6$ cm
$\tan 45° = \frac{h}{r}$, also $h = r = 6$ cm
Aufgrund seiner Form eignet sich die Volumenformel des Kegels zur weiteren Berechnung.
$V = \frac{\pi \cdot r^2 \cdot h}{3}$, $V = \frac{\pi \cdot (6)^2 \cdot 6}{3}$ cm³ ≈ 226 cm³
Aus $m = 250$ g und $V = 226$ cm³ folgt:
1 cm³ Mehl wiegt ungefähr 1,1 g.

b) *1. Schritt:* Berechnung des Volumens
Gegeben ist: $m = 500$ g
Um das Volumen berechnen zu können, benötigen wir aus a) die Dichte δ von Mehl, nämlich $1{,}1\ \frac{g}{cm^3}$.
Das Volumen ergibt sich dann aus $V = \frac{m}{\delta}$, also $V = \frac{500}{1{,}1}$ cm³ ≈ 455 cm³.
2. Schritt: Berechnung der Höhe h
Aus $\tan 45° = \frac{h}{r}$ folgt: $h = r$
Dann gilt für alle Mehlkegel: $V = \frac{\pi \cdot r^2 \cdot r}{3} = \frac{\pi \cdot r^3}{3}$
Daraus folgt $r = \sqrt[3]{\frac{3 \cdot V}{\pi}}$
Also: $r \approx \sqrt[3]{\frac{3 \cdot 455}{\pi}}$ cm $\approx 7{,}6$ cm
Der Schüttkegel aus 500 g Mehl hätte eine Höhe von etwa 7,6 cm.

66 ① a) $K_4 = 2\,000\ € \cdot 1{,}014^4 \approx 2\,114{,}37\ €$

b) $K_0 = \frac{751{,}84\ €}{1{,}016} = 740\ €$

c) Die Laufzeit n ergibt sich aus der Gleichung
$1\,560\ € \cdot 1{,}015^n = 1\,705{,}77\ €\quad |:1\,560\ €$
$1{,}015^n \approx 1{,}09344$

Durch systematisches Probieren verschiedener Werte für n erhält man:
Für $n = 6$ stimmt die Gleichung in etwa.
Die Laufzeit beträgt etwa 6 Jahre.

② Da die Verdoppelungszeit des Kapitals 44 Jahre beträgt, wird es weder 100 noch 135 Jahre dauern, bis sich das Kapital vervierfacht hat. Diese Zeiträume sind zu lang. Schauen wir uns nochmals die zugehörige Zinseszinsformel an:
$K_n = 2\,000\ € \cdot (1{,}016)^n$
Eine Vervierfachung tritt dann ein, wenn der Ausdruck $q = 1{,}016^n$ den Wert 4 annimmt.
$1{,}016^{66} \approx 2{,}85$; $1{,}016^{88} \approx 4{,}04$; $1{,}016^{100} \approx 4{,}89$; $1{,}016^{135} \approx 8{,}52$
Alternativlösung:
$1{,}016^{44} \approx 2$ (nach Information) → $(1{,}016^{44})^2 \approx 2^2$, also $1{,}016^{88} \approx 4$
Richtig ist also [x] etwa 88 Jahre.

③ a) Aus dem Diagramm ist abzulesen: 1 000 € sind nach 59 Jahren etwa erreicht.

b) Folgende Daten sind bekannt: $K_0 = 500\ €$; $K_n = 1\,000\ €$, $n = 59$ Jahre.
Gesucht ist der Zinssatz p %.
Eingesetzt in die Formel ergibt sich:

$$K_n = K_0 \cdot \left(1 + \frac{p}{100}\right)^n$$
$$1\,000\ € = 500\ € \cdot \left(1 + \frac{p}{100}\right)^{59} \quad |:500\ €$$
$$2 = \left(1 + \frac{p}{100}\right)^{59} \quad |\sqrt[59]{\ }$$
$$\sqrt[59]{2} = 1 + \frac{p}{100}$$
$$1{,}0118175 = 1 + \frac{p}{100} \quad |-1$$
$$\frac{p}{100} \approx 0{,}0118 \approx 0{,}012$$

Der Zinssatz beträgt damit 1,2 %.

c) Da die Höhe des Betrages keinen Einfluss auf die Verdoppelungszeit hat, dauert es bei einem Zinssatz von 1,2 % ebenfalls etwa 59 Jahre, bis sich ein Kapital von 50 000 € verdoppelt hat.

67

① Es gibt 36 mögliche Ergebnisse.

a) günstige Ergebnisse:

(1;2)	(2;1)	(3;1)	(4;1)	(5;1)	(6;1)
(1;3)	(2;3)	(3;2)	(4;2)	(5;2)	(6;2)
(1;4)	(2;4)	(3;4)	(4;3)	(5;3)	(6;3)
(1;5)	(2;5)	(3;5)	(4;5)	(5;4)	(6;4)
(1;6)	(2;6)	(3;6)	(4;6)	(5;6)	(6;5)

$P = \frac{30}{36} = \frac{5}{6}$

Alternative Lösung: Berechnung mit dem Gegenereignis

P (zwei verschiedene Zahlen) = 1 – P (zwei gleiche Zahlen) = $1 - \frac{6}{36} = \frac{5}{6}$

b) günstige Ergebnisse:

		(4;6)
	(5;5)	(5;6)
(6;4)	(6;5)	(6;6)

$P = \frac{6}{36} = \frac{1}{6}$

c) günstige Ergebnisse:

(1;1)	(3;1)	(5;1)
(1;3)	(3;3)	(5;3)
(1;5)	(3;5)	(5;5)

$P = \frac{9}{36} = \frac{1}{4}$

② Die Tabelle in Aufgabe ⑯

P (Augensumme 12) = P (6;6) = $\frac{1}{36}$

P (Augensumme 7) = $\frac{6}{36} = \frac{1}{6}$ [günstig: (1;6), (2;5), (3;4), (4;3), (5;2), (6;1)]

Julian muss 5-mal so oft die Augensumme 7 erzielen wie Lara die Augensumme 12.

Tatsächlich tritt die Augensumme 7 aber bei einer großen Zahl von Versuchen 6-mal so oft wie die Augensumme 12 auf $\left(\frac{1}{36} \cdot 6 = \frac{6}{36}\right)$.

Julian hat also die besseren Gewinnchancen.

③ Wir zeichnen ein Baumdiagramm.

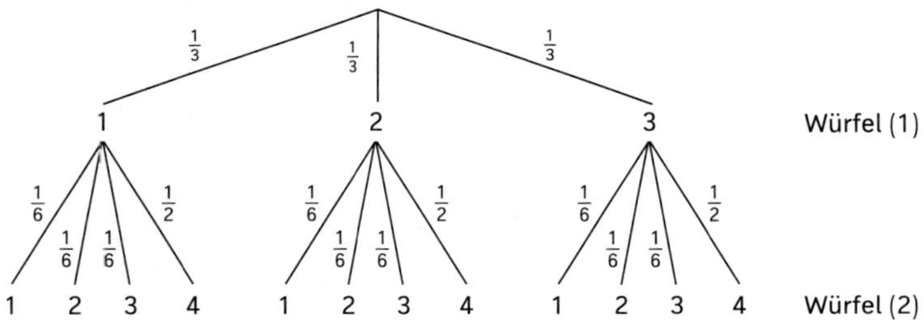

a) P (gerade Augensumme) = P (1;1) + P (1;3) + P (2;2) + P (2;4) + P (3;1) + P (3;3)

$= \frac{1}{3} \cdot \frac{1}{6} + \frac{1}{3} \cdot \frac{1}{6} + \frac{1}{3} \cdot \frac{1}{6} + \frac{1}{3} \cdot \frac{1}{2} + \frac{1}{3} \cdot \frac{1}{6} + \frac{1}{3} \cdot \frac{1}{6} = \frac{4}{9}$

b) P (zwei gleiche Zahlen) = P (1;1) + P (2;2) + P (3;3)

$= \frac{1}{3} \cdot \frac{1}{6} + \frac{1}{3} \cdot \frac{1}{6} + \frac{1}{3} \cdot \frac{1}{6} = \frac{1}{6}$

c) P (Augensumme 6) = P (2;4) + P (3;3)

$= \frac{1}{3} \cdot \frac{1}{2} + \frac{1}{3} \cdot \frac{1}{6} = \frac{2}{9}$

67 ④

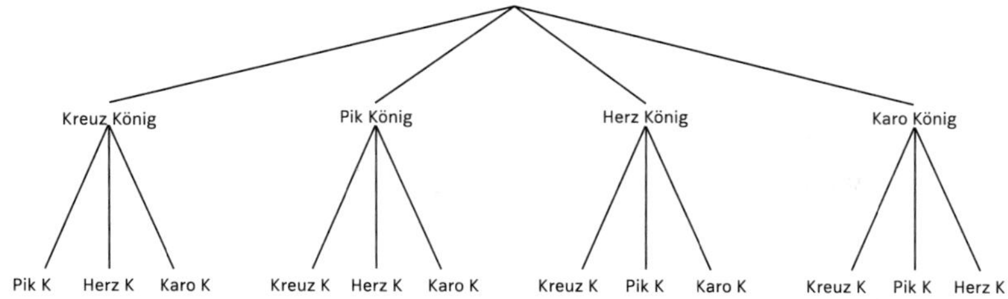

a) ↑ ↑ $P = \frac{2}{12} = \frac{1}{6}$

b) ↑ ↑ ↑ ↑ ↑ ↑ ↑ ↑ $P = \frac{8}{12} = \frac{2}{3}$

68 ① G_n ist die Menge der Fruchtfliegen nach n Tagen, q beschreibt den exponentiellen Wachstumsfaktor.

a) $G_0 = 10;\ q = 1{,}25;\ n = 7$

$G_7 = 10 \cdot 1{,}25^7 \approx 47{,}7$

Nach 7 Tagen sind es ca. 48 Fruchtfliegen.

b) Gesucht ist die Zahl n, für die gilt:

$10 \cdot 1{,}25^n = 1\,000 \quad |:10$

$1{,}25^n = 100 \quad |$ systematisch Probieren

$1{,}25^{20} < 100 < 1{,}25^{21}$

Die Zahl der Fruchtfliegen verhundertfacht sich zwischen dem 20. und 21. Tag.

② a) Modell für die Bevölkerungsentwicklung in China:

G_0: Weltbevölkerung im Jahr 2013

q: exponentieller Wachstumsfaktor

n: Anzahl der Jahre

$G_0 = 1{,}36$ Mrd.; $q = 1{,}01014$; $n = 2050 - 2013 = 37$

$G_n = G_0 \cdot q^n$

$G_{37} = 1{,}36 \text{ Mrd.} \cdot 1{,}01014^{37} \approx 1{,}975$ Mrd.

Nach diesem Modell werden etwa 1,98 Mrd. Menschen im Jahr 2050 in China leben.

b) Wir suchen das Jahr, in dem die Bevölkerungszahlen der beiden Länder annähernd gleich sind.
In diesem Fall muss gelten:

$1{,}36 \text{ Mrd.} \cdot 1{,}01014^n = 1{,}24 \text{ Mrd.} \cdot 1{,}017^n \quad |:1{,}24 \text{ Mrd.}$

$1{,}096774 \cdot 1{,}01014^n = 1{,}017^n \quad |:1{,}01014^n$

$$1{,}096774 = \frac{1{,}017^n}{1{,}01014^n}$$

$$1{,}096774 = \left(\frac{1{,}017}{1{,}01014}\right)^n \quad | \text{ systematisch Probieren}$$

$$n \approx 14$$

Probe:

Einwohnerzahl Chinas nach 14 Jahren: $1{,}36 \text{ Mrd.} \cdot 1{,}01014^{14} \approx 1\,566\,321\,366$

Einwohnerzahl Indiens nach 14 Jahren: $1{,}24 \text{ Mrd.} \cdot 1{,}017^{14} \approx 1\,570\,055\,578$

Nach etwa 14 Jahren (im Jahr 2027) wird Indien – nach diesem Vorhersagemodell – erstmals vor China auf dem 1. Platz der Länder mit der größten Bevölkerung stehen.

68

③ a) jährlicher Verbrauch des Jahres 1960: 8,1 Liter
jährlicher Verbrauch des Jahres 1980: 10,1 Liter
8,1 Liter : 10,1 Liter ≈ 0,8 Der Verbrauch betrug im Jahr 1960 nur 80 % von dem des Jahres 1980.

b) Man kann nicht sagen, dass der Verbrauch zwischen 1995 und 2015 jedes Jahr um 1 % abgenommen hat, da dies einer Gesamtabnahme von lediglich ca. 18 % ($0{,}99^{20} \approx 0{,}82$) entspricht.

c) Man kann diesen verfälschenden Eindruck erwecken, indem man die Daten der Jahre 1960 bis 1975 nicht in die grafische Darstellung mit aufnimmt; z. B.

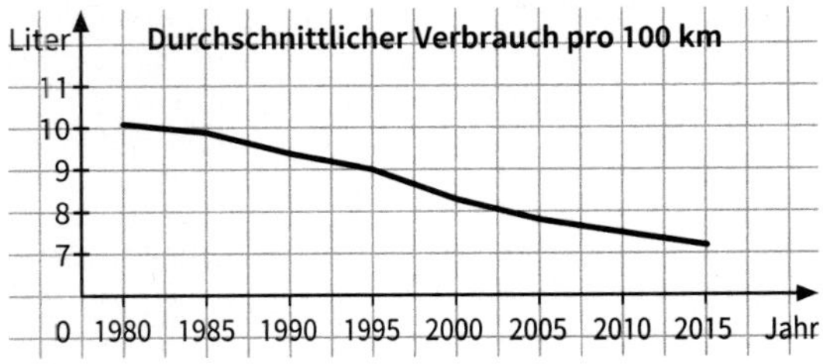

69

①

Zahlenrätsel		Gleichung	Lösung
①	$a + 3a = 8$ $4a = 8 \quad \vert :4$ $a = 2$	(E)	2
②	$\frac{3a}{8} = \frac{1}{2}a \quad \vert \cdot 8$ $3a = 4a \quad \vert -3a$ $0 = a$	(C)	0
③	$3a \cdot 8 = 3$ $24a = 3 \quad \vert :24$ $a = \frac{1}{8}$	(A)	$\frac{1}{8}$
④	$3 - \frac{a}{3} = 8 \quad \vert -3$ $-\frac{a}{3} = 5 \quad \vert \cdot(-3)$ $a = -15$	(B)	−15

②

Für n = 4 sehen die Muster so aus:	
a) 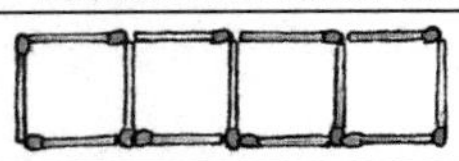	b) 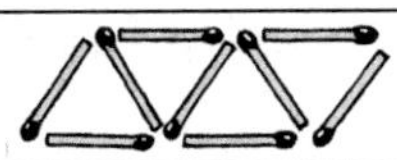
Anzahl der Hölzer: $13 = 1 + 4 \cdot 3$	$9 = 3 + 3 \cdot 2$
Term: $1 + n \cdot 3$	$3 + (n - 1) \cdot 2$ oder $1 + 2n$

③ a) Um das Zahlenrätsel als Gleichung aufschreiben zu können, muss der Text in einen Term „übersetzt" werden:

- Für die gesuchte Zahl schreibt man x.
- „Subtrahieren" steht für die Rechenoperation „–";
- „die Hälfte einer Zahl x" bedeutet „$\frac{1}{2}$x oder 0,5x";
- „ein Drittel der Zahl x" schreibt man als „$\frac{1}{3}$x";
- „erhältst du" steht für das Gleichheitszeichen „=".

Die Gleichung lautet also: $\frac{1}{2}x - \frac{1}{3}x = 4 \quad \vert \cdot 6$
$3x - 2x = 24$
$x = 24$ Die Probe am Text bestätigt die Lösung.

b) Um von der Gleichung zu einem passenden Zahlenrätsel zu kommen, ersetzt man die Terme und Rechenzeichen durch sprachliche Ausdrücke:

- aus „7x" wird „das 7-Fache einer Zahl x"
- „–" entspricht „Subtrahieren" oder „Vermindern"
- „2x" meint „das Doppelte einer Zahl x" oder „das Produkt aus einer Zahl x und 2"
- „7x – 48" ist die Differenz aus „dem 7-Fachen einer Zahl x und 48".

Ein zur Gleichung passendes Zahlenrätsel ist z. B.: „Subtrahiere vom 7-Fachen einer Zahl 48, so erhältst du das Doppelte der Zahl."

Die Lösung der Gleichung erhält man so: $7x - 48 = 2x \quad \vert -2x + 48$
$5x = 48 \quad \vert :5$
$x = 9{,}6$

69 ④ Alter von Frau Krause: x
dreifaches Alter minus 5: 3x – 5
Alter von Frau Krause in 15 Jahren: x + 15
doppeltes Alter in 15 Jahren: 2 (x + 15)
Frau Krause ist heute 35 Jahre alt.

$3x - 5 = 2\,(x + 15)$
$3x - 5 = 2x + 30$
$x = 35$

70 ① a) Hier müssen die Hinweise beachtet werden. Da genau einmal „45“ (Median) genannt wurde, verbleiben 78 Antworten. Davon müssen 39 unter „45“ und 39 über „45“ liegen.
Das untere Quartil 40 wurde einmal genannt, ebenso das obere Quartil 60, also liegen:

19 Antworten unter 40	1 Antwort genau 40
19 Antworten zwischen 40 und 45	1 Antwort genau 45
19 Antworten zwischen 45 und 60	1 Antwort genau 60
19 Antworten über 60	

Achtung: Die Antworten „0“ (vermutlich kein Smartphonebesitz) und „140“ müssen jeweils mindestens einmal auftreten.

b) Jedes Befragungsergebnis, das die unter a) genannten Rahmenbedingungen erfüllt, ist möglich und damit als richtig zu bewerten.

② Es gibt insgesamt 25 Noten. Der Median aller Noten steht also an der 13. Stelle, das ist die Note 3. Der Median der unteren Hälfte ist die Note 2 (unteres Quartil) und der Median der oberen Hälfte ist die Note 4 (oberer Quartil).

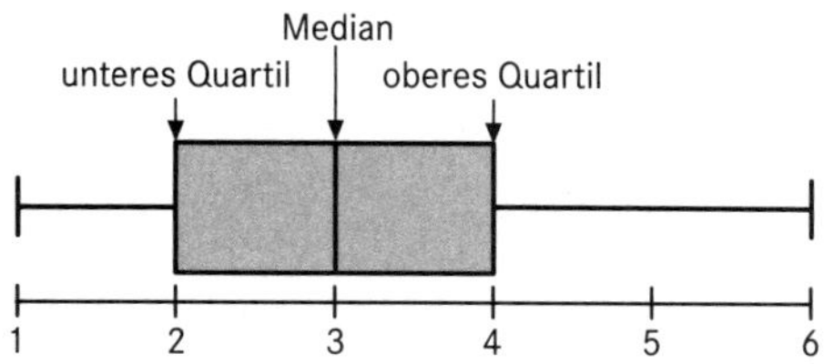

③ Die Boxplots sind fast identisch, sie unterscheiden sich nur im oberen Quartil. Aus den Daten im Säulendiagramm berechnet man die Anzahl der Schüler. Die Klasse 10a hat 25 Schüler.

oberes Quartil der 10a: $25 \cdot \frac{3}{4} = 18{,}75$. Der 19. Wert entspricht also 9 Punkten.

(Begründung: 5 Schüler haben mehr als 9 Punkte, 4 Schüler haben genau 9 Punkte.)
Also passt der Boxplot (1) zur 10a.

oberes Quartil der 10b: $29 \cdot \frac{3}{4} = 21{,}75$. Der 22. Wert entspricht also 10 Punkten.

Mindestens 4 Schüler müssen 10 Punkte haben. Da 7 Werte fehlen, sind folgende Lösungen möglich:

	Schüler			
10 Punkte	4	5	6	7
9 Punkte	3	2	1	0

71 ①

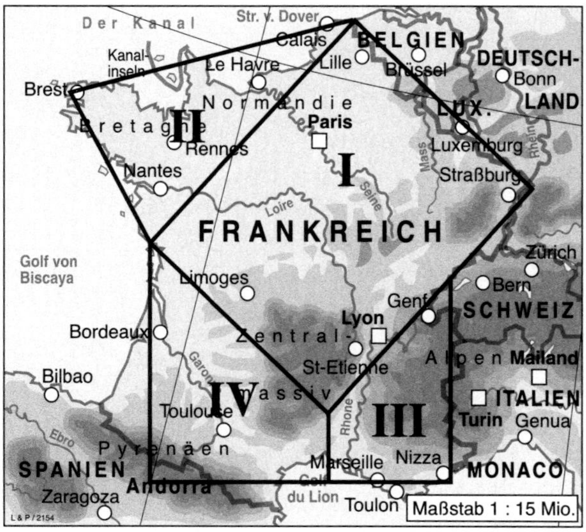

Die Unterteilung Frankreichs in berechenbare Teilflächen kann auf unterschiedliche Art erfolgen; hier ist eine Möglichkeit dargestellt.
Der Maßstab bedeutet: Jeder gemessene Millimeter ist in Wirklichkeit 15 km.

$A_I = 570\text{ km} \cdot 450\text{ km} = 256\,500\text{ km}^2$

$A_{II} = \frac{570\text{ km} \cdot 300\text{ km}}{2} = 85\,500\text{ km}^2$

$A_{III} = \frac{150\text{ km} + 390\text{ km}}{2} \cdot 285\text{ km} = 76\,950\text{ km}^2$

$A_{IV} = \frac{150\text{ km} + 480\text{ km}}{2} \cdot 330\text{ km}^2 = 103\,950\text{ km}^2$

$A_{Gesamt} = 522\,900\text{ km}^2$

Frankreich ohne Korsika ist ca. 523 000 km² groß. (Laut offiziellen Angaben sind es 535 000 km².)

71

② Es gibt sehr viele Möglichkeiten, die beschädigte Dünenfläche so durch berechenbare Flächen abzudecken, dass sich „Gewinne“ und „Verluste“ ungefähr ausgleichen.
Eine mögliche Lösung ist hier dargestellt:

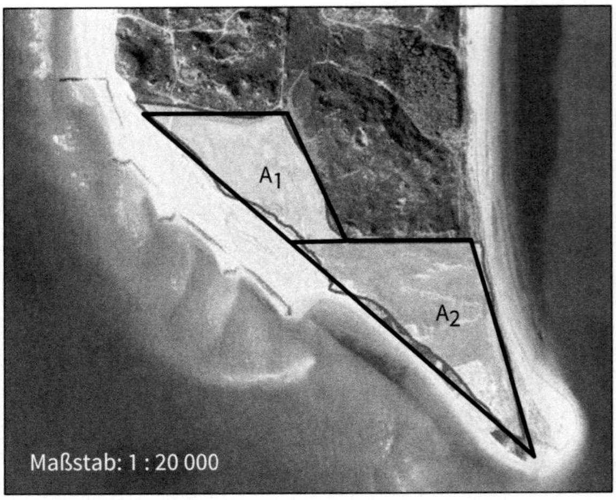

Die gemessenen Werte in cm muss man mit 200 multiplizieren, dann erhält man die tatsächliche Entfernung in m.

$A_1 \approx \frac{140\text{ m} + 360\text{ m}}{2} \cdot 320\text{ m} = 80\,000\text{ m}^2$ (Trapez)

$A_2 \approx \frac{800\text{ m} \cdot 300\text{ m}}{2} = 120\,000\text{ m}^2$ (Dreieck)

$A_1 + A_2 = 200\,000\text{ m}^2 = 20\text{ ha}$

Die vom Sturm beschädigte Fläche ist etwa 20 ha groß.

72

① a) $2x - 14 = 0$ oder $15 - 3x = 0$
$x_1 = 7$ $\quad x_2 = 5$

b) $4x^2 - 17 - 3x^2 - 8 = 0$
$x^2 - 25 = 0$
$x_1 = 5$
$x_2 = -5$

c) $7x^2 - 6x - 5 - 5x^2 + 18x + 5 = 0$
$7x^2 - 5x^2 - 6x + 18x - 5 + 5 = 0$
$2x^2 + 12x = 0$
$2x\,(x + 6) = 0$
$x_1 = 0$
$x_2 = -6$

d) $3y^2 - 9y - 37 = 3y - 1 \quad | -3y + 1$
$3y^2 - 9y - 3y - 37 + 1 = 0$
$3y^2 - 12y - 36 = 0 \quad | :3$
$y^2 - 4y - 12 = 0$
$y_{1/2} = 2 \pm \sqrt{4 + 12}$
$y_1 = 2 + 4 = 6$
$y_2 = 2 - 4 = -2$

e) $(5 + a)^2 + a^2 = 3a + 29$
$25 + 10a + a^2 + a^2 = 3a + 29 \quad | -3a - 29$
$2a^2 + 7a - 4 = 0 \quad | :2$
$a^2 + 3{,}5a - 2 = 0$
$a_{1/2} = -1{,}75 \pm \sqrt{3{,}0625 + 2}$
$a_{1/2} = -1{,}75 \pm 2{,}25$
$a_1 = 0{,}5 \quad a_2 = -4$

② a) $x^2 + 3x = 11x - 7 \quad | -11x + 7$
$x^2 + 3x - 11x + 7 = 0$
$x^2 - 8x + 7 = 0$
$x_{1/2} = 4 \pm \sqrt{16 - 7}$
$x_1 = 4 + 3 = 7$
$x_2 = 4 - 3 = 1$
Die Zahl ist 7 oder 1.

b) $(2x - 16)\,(15 - x) = 0$
$2x - 16 = 0$ oder $15 - x = 0$
$2x = 16 \quad 15 = x$
$x_1 = 8 \quad x_2 = 15$
Maik und Fatima können 8 oder 15 gewählt haben.

③ $x^2 + 55 = 2x\,(x - 3)$
$x^2 + 55 = 2x^2 - 6x \quad | -2x^2 + 6x$
$0 = x^2 - 6x - 55$
$x_{1/2} = 3 \pm \sqrt{9 + 55} \qquad x_1 = 3 + 8 = 11$; x_2 ist negativ
Das Quadrat hatte eine Kantenlänge von 11 cm.

④ a) $2\pi r^2 + 2\pi rh = O \rightarrow 2\pi r^2 + 2\pi r \cdot 6 = 54\pi \quad | :2\pi$
$r^2 + 6r = 27 \quad | -27$
$r^2 + 6r - 27 = 0$
$r_{1/2} = -3 \pm \sqrt{9 + 27}$
$r_{1/2} = -3 \pm 6$
$r_1 = 3$; $r_2 = -9$ (entfällt als Lösung)
Der Radius ist 3 cm lang.

b) $V = \pi r^2 h \rightarrow V = \pi \cdot 3^2 \cdot 6 \approx 54\pi$
$V \approx 169{,}646\text{ cm}^3$

72 ⑤ a) $O = \pi r^2 + \pi rs \quad \rightarrow \quad \pi r^2 + \pi rs = O$

$s = 6\text{ cm} \quad \rightarrow \quad \pi r^2 + 6\pi r = 172{,}788 \quad |:\pi \quad |-172{,}788$

$r^2 + 6\,r - \frac{172{,}788}{\pi} = 0$, dabei gilt $\frac{172{,}788}{\pi} \approx 55{,}0$

$r^2 + 6r - 55 = 0$

$r_{1/2} = -3 \pm \sqrt{9 + 55}$

$r_{1/2} = -3 \pm \sqrt{64}$

$r_1 = -3 + 8 = 5$, r_2 entfällt als negativer Wert.

Der Radius ist 5 cm lang.

b) $h^2 = s^2 - r^2$

$h^2 = 36 - 25 = 11$

$h = \sqrt{11} \approx 3{,}32 \quad \rightarrow \quad h \approx 3{,}32\text{ cm}$

$V = \frac{1}{3}\pi r^2 h \quad \rightarrow \quad V \approx \frac{1}{3}\pi \cdot (5\text{ cm})^2 \cdot 3{,}32\text{ cm}$

$V \approx 86{,}917\text{ cm}^3$

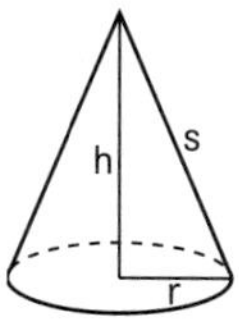

73 ① a) Baumdiagramm mit Zurücklegen:

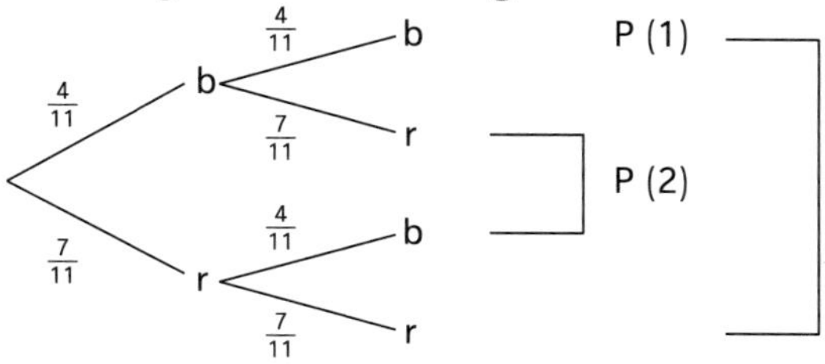

$P(1) = \frac{4}{11} \cdot \frac{4}{11} \approx 13\,\%$ $\qquad P(2) = \frac{4}{11} \cdot \frac{7}{11} + \frac{7}{11} \cdot \frac{4}{11} \approx 46\,\%$

$P(3) = \frac{4}{11} \cdot \frac{4}{11} + \frac{7}{11} \cdot \frac{7}{11} \approx 54\,\%$

b) Baumdiagramm ohne Zurücklegen:

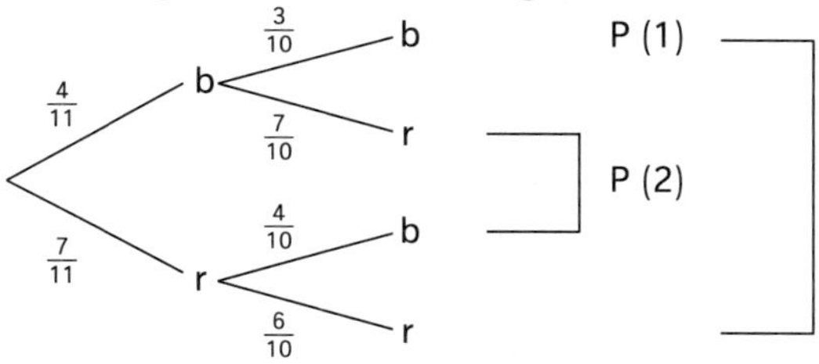

$P(1) = \frac{4}{11} \cdot \frac{3}{10} \approx 11\,\%$ $\qquad P(2) = \frac{4}{11} \cdot \frac{7}{10} + \frac{7}{11} \cdot \frac{4}{10} \approx 51\,\%$

$P(3) = \frac{4}{11} \cdot \frac{3}{10} + \frac{7}{11} \cdot \frac{6}{10} \approx 49\,\%$

② Die Wahrscheinlichkeit für „blau" und „weiß" ist jeweils $\frac{1}{2}$.

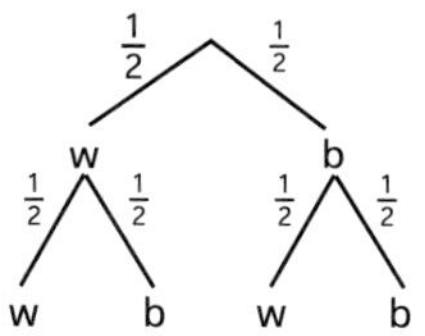

a) zweimal „blau": $P = \frac{1}{2} \cdot \frac{1}{2} = \frac{1}{4}$

b) letzte Drehung „blau": $P = \frac{1}{2}$

c) keine Farbe zweimal: $P = P(w;b) + P(b;w) = \frac{1}{2} \cdot \frac{1}{2} + \frac{1}{2} \cdot \frac{1}{2} = \frac{1}{4} + \frac{1}{4} = \frac{1}{2}$

d) „weiß" nicht öfter als einmal: $P = \frac{1}{2} \cdot \frac{1}{2} + \frac{1}{2} \cdot \frac{1}{2} + \frac{1}{2} \cdot \frac{1}{2} = \frac{1}{4} + \frac{1}{4} + \frac{1}{4} = \frac{3}{4}$

73

③ $P(12) = \frac{1}{36}$ $P(11 \text{ oder } 10) = \frac{5}{36}$ [(4;6); (5;5); (5;6); (6;4); (6;5)]

Durchschnittlich nimmt die Klasse bei 36 Spielen 36 € ein, weil der Einsatz 1 € beträgt und gibt für einen Hauptgewinn 10 € ($P(12) = \frac{1}{36}$) und fünf kleine Preise ($P(11 \text{ oder } 10) = \frac{5}{36}$) ebenfalls 10 € (5 · 2 €) aus.
Es ergibt sich ein durchschnittlicher Überschuss von 16 € (36 € – 20 €) bei jeweils 36 Spielen.
392 € : 16 € = 24,5 (etwa so oft hat es 36 Spiele gegeben)
24,5 · 36 = 882
Natürlich erreicht im Laufe eines Schulfestes die relative Häufigkeit nicht exakt die Wahrscheinlichkeit für ein bestimmtes Ergebnis, kommt ihr aber recht nah.
Deshalb kann man davon ausgehen, dass 893-mal am Würfelspiel teilgenommen wurde.

74

①

	a)	b)	c)
Kapital (K)	1 800 €	4 500 €	3 000 €
Zinssatz (p %)	0,5 %	1,8 %	0,65 %
Zinsen (Z)	9 €	81 €	19,50 €

② Am einfachsten löst man diese Aufgabe, indem man:
① sich zunächst ein konkretes Beispiel überlegt und die Höhe der Zinsen mithilfe der Zinsformel bestimmt. Wir nehmen z. B. als Ausgangssituation an:
Tom legt 2 000 € zu 1 % an, am Jahresende erhält er 20 € Zinsen.
② die jeweiligen Angaben zur Veränderung von K oder p in die allgemeine Zinsformel überträgt.

a) Veränderte Situation: Tom legt doppelt so hohe Ersparnisse bei doppelt so hohem Zinssatz an.
Zu ①: Das bedeutet in unserem Beispiel:
Tom legt 4 000 € zu 2 % an, am Jahresende erhält er dann 80 € Zinsen.
Zu ②: Allgemein gilt: $Z = \frac{1}{100}(K \cdot p)$
Setzt man in diese Gleichung statt K für die Verdoppelung von Toms Kapital 2 · K ein und entsprechend für den doppelten Zinssatz 2p, sähe die Gleichung so aus:

$$Z = \frac{1}{100}(2K \cdot 2p)$$
$$Z = \frac{1}{100}(4K \cdot p)$$

Tom würde also nach einem Jahr Zinsen in 4-facher Höhe erhalten, also 80 €.

b) Veränderte Situation:
Tom legt doppelt so hohe Ersparnisse bei halb so großem Zinssatz an.
Zu ①: Das bedeutet in unserem Beispiel:
Tom legt 4 000 € zu 0,5 % an, am Jahresende erhält er dann 20 € Zinsen.
Zu ②: Setzt man in diese Gleichung statt K für die Verdoppelung von Toms Kapital 2 · K ein und entsprechend für den halbierten Zinssatz 0,5p, sähe die Gleichung so aus:

$$Z = \frac{1}{100}(2K \cdot 0{,}5p)$$
$$Z = \frac{1}{100}(K \cdot p)$$

Die Verdoppelung des Kapitals hat zusammen mit der Halbierung des Zinssatzes keine Auswirkungen auf die Höhe der Zinsen.
Tom würde also nach einem Jahr Zinsen in derselben Höhe erhalten, also 20 €.

c) Veränderte Situation:
Tom legt nur die Hälfte seiner Ersparnisse bei doppelt so hohem Zinssatz an.
Zu ①: Das bedeutet in unserem Beispiel:
Tom legt 2 000 € zu 1,0 % an, am Jahresende erhält er dann 20 € Zinsen.
Zu ②: Setzt man diese Gleichung statt K für die Halbierung von Toms Kapital 0,5 · K ein und entsprechend für den doppelten Zinssatz 2p, sähe diese Gleichung so aus:

$$Z = \frac{1}{100}(0{,}5\,K \cdot 2p)$$
$$Z = \frac{1}{100} \cdot (K \cdot p)$$

Die Halbierung des Kapitals hat zusammen mit der Verdoppelung des Zinssatzes keine Auswirkungen auf die Höhe der Zinsen.
Tom würde also nach einem Jahr Zinsen in derselben Höhe erhalten, also 20 €.

74 ③ Den höchsten Zinssatz hat die Person erzielt, bei der der Quotient aus Endkapital und Anfangskapital am größten ist.
Anja: 1,219 Boris: 1,268 Pia: 1,161 Luca: 1,331
Luca hat den höchsten Zinssatz erzielt.

④ a) Wir betrachten die auftretenden Faktoren, mit denen der anfängliche Mietpreis multipliziert wird. Es ergibt sich:
Angebot A: $1{,}035 \cdot 1{,}045 = 1{,}081575$ Angebot B: $1{,}045 \cdot 1{,}035 = 1{,}081575$
Beide Angebote führen im 2. Jahr zur gleichen Miete. Was aber zahlt Frau Winter konkret in diesen zwei Jahren? Nehmen wir an, Frau Winters Miete beträgt 900 €.

		Angebot A	Angebot B		
Erhöhung der Miete		900,00 €	900,00 €	Erhöhung der Miete	
1. Jahr	3,50 %	931,50 €	940,50 €	1. Jahr	4,50 %
2. Jahr	4,50 %	**973,42 €**	**973,42 €**	2. Jahr	3,50 %

Beide Angebote führen nach zwei Jahren zur gleichen Miete. Aber im 1. Jahr der Erhöhung muss Frau Winter beim Angebot B monatlich 940,50 € – 931,50 € = 9 € mehr bezahlen.

b) Gesucht ist die positive Zahl a, die folgende Gleichung erfüllt:
$a^2 = 1{,}035 \cdot 1{,}045 \quad | \sqrt{\ }$
$a \approx 1{,}03999$
Durch eine prozentuale Mieterhöhung von etwa 4 % pro Jahr könnte dieselbe Miete erzielt werden.

75 ① h ist der Höhenunterschied der Anlaufbahn und y ihre Länge.

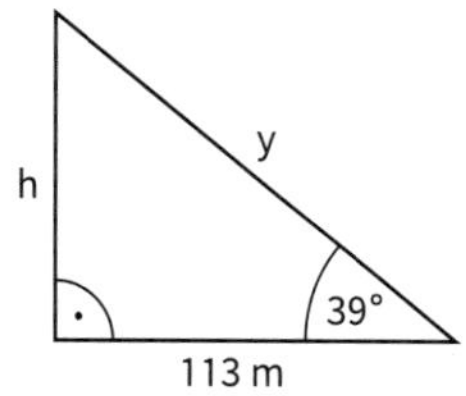

Es gilt: $\tan 39° = \frac{h}{113\text{ m}}$
$113\text{ m} \cdot \tan 39° = h$
$h \approx 91{,}506\text{ m}$

Die Länge y kann mit dem Satz des Pythagoras oder mit dem Kosinus bestimmt werden. Die zweite Möglichkeit hat den Vorteil, dass ein Fehler bei der Berechnung von h nicht zu einem Folgefehler bei y führt.

① $y^2 = h^2 + (113\text{ m})^2$
$y^2 = (91{,}506\text{ m})^2 + (113\text{ m})^2$
$y \approx 145{,}404\text{ m}$

② $\cos 39° = \frac{113\text{ m}}{y} \quad |\cdot y$
$y \cdot \cos 39° = 113\text{ m} \quad |:\cos$
$y = \frac{113\text{ m}}{\cos 39°} \approx 145{,}404\text{ m}$

Die Anlaufbahn hat einen Höhenunterschied von ca. 92 m und ist ungefähr 145 m lang.

② $\alpha = 180° - 45{,}7° = 134{,}3°$ $\gamma = 180° - 134{,}3° - 31{,}6° = 14{,}1°$

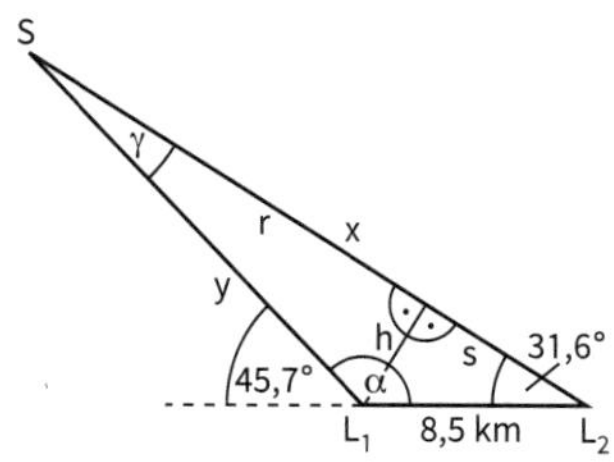

1. Möglichkeit:
Um zwei rechtwinklige Dreiecke zu erhalten, zeichnen wir die Höhe h auf $\overline{SL_2}$ ein. Nun gilt:

$\sin 31{,}6° = \frac{h}{8{,}5\text{ km}}$ $h = 8{,}5\text{ km} \cdot \sin 31{,}6° \approx 4{,}45\text{ km}$

$\cos 31{,}6° = \frac{s}{8{,}5\text{ km}}$ $s = 8{,}5\text{ km} \cdot \cos 31{,}6° \approx 7{,}24\text{ km}$

$\tan \gamma = \frac{h}{r}$ $r = \frac{h}{\tan\gamma} \approx \frac{4{,}45\text{ km}}{\tan 14{,}1°} \approx 17{,}72\text{ km}$

$x = r + s \approx 24{,}96\text{ km}$
$y^2 = r^2 + h^2$ $y = \sqrt{r^2 + h^2} \approx \sqrt{(17{,}72\text{ km})^2 + (4{,}45\text{ km})^2} \approx 18{,}27\text{ km}$

2. Möglichkeit (Sinussatz):

(1) $\frac{x}{\sin 134{,}3°} = \frac{8{,}5\text{ km}}{\sin 14{,}1°}$
$x = \frac{8{,}5\text{ km} \cdot \sin 134{,}3°}{\sin 14{,}1°}$
$x \approx 24{,}97\text{ km}$

(2) $\frac{y}{\sin 31{,}6°} = \frac{8{,}5\text{ km}}{\sin 14{,}1°}$
$y = \frac{8{,}5\text{ km} \cdot \sin 31{,}6°}{\sin 14{,}1°}$
$y \approx 18{,}28\text{ km}$

Das Segelschiff ist ca. 18,3 km vom linken und ca. 25 km vom rechten Leuchtturm entfernt.

75 ③ In der Zeichnung besteht die Pass-Straße von oben betrachtet, also die Strecke $L = \overline{AC}$ in der schematischen Zeichnung, aus 5 geraden Abschnitten der Länge 4 cm und 4 Halbkreisen (also 2 Kreisen) mit dem Radius 1 cm.

$2u = 2 \cdot \pi \cdot d$ Gesamtlänge der Strecke $\overline{AC}$ in der Zeichnung:

$2u = 2 \cdot \pi \cdot 2\text{ cm}$ $l = 5 \cdot 4\text{ cm} + 12{,}57\text{ cm}$

$2u = 12{,}57\text{ cm}$ $l = 32{,}57\text{ cm}$

Da der Maßstab 1 : 5 000 ist, beträgt die wirkliche Strecke $L = \overline{AC}$:

$L = 32{,}57\text{ cm} \cdot 5000$

$L = 162\,850\text{ cm}$

$L = 1628{,}5\text{ m}$

Die Steigung 14 % bedeutet für den Steigungswinkel α:

$\tan\alpha = 0{,}14$

$\alpha \approx 7{,}97°$

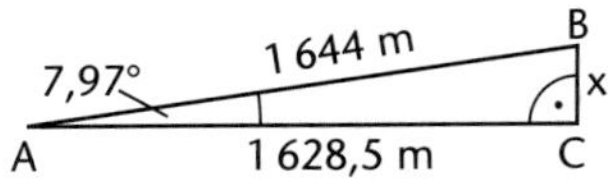

Die schematische Zeichnung des Dreiecks hilft jetzt weiter; x ist der Höhenunterschied $\overline{BC}$.

Es gilt: $\tan 7{,}97° = \frac{x}{1628{,}5\text{ m}}$ $|\cdot 1\,628{,}5\text{ m}$

$1\,628{,}5\text{ m} \cdot \tan 7{,}97° = x$

$x \approx 228\text{ m}$

Da A in einer Höhe von 620 m liegt, befindet sich B ungefähr auf der Höhe 620 m + 228 m, also in 848 m Höhe.

Die Länge $\overline{AB}$ entspricht der tatsächlichen Länge der Fahrstrecke von A nach B.

Diese Fahrstrecke kann man mit dem Satz des Pythagoras ausrechnen:

$(\overline{AB})^2 = 1\,628{,}5^2 + 228^2$; $\overline{AB} \approx 1\,644\text{ m}$

Der Punkt B liegt ca. 848 m hoch. Die Pass-Straße von A nach B ist rund 1 644 m lang.

76 ① a) Die zweite Formel liefert das korrekte Ergebnis:

☒ =A7*0,42+38 (Strecke in km · 0,42 €/km + 38 € Pauschale)

b) Für 300 km sind die Angebote fast gleich: Angebot A 164 € und Angebot B 162 €. Bei allen anderen angegebenen Strecken ist die Differenz zwischen den Angeboten größer als 2 €.

c) Angebot A: $y = 0{,}42x + 38$ (I); Angebot B: $y = 0{,}32x + 66$ (II)

(I) = (II): $0{,}42x + 38 = 0{,}32x + 66$ $|-0{,}32x - 38$

$0{,}10x = 28$ $|\cdot 10$

$x = 280$

Bei einer Strecke von 280 km fallen bei beiden Angeboten die gleichen Kosten an.

② a) =D1*D1*D1 oder =D1^3

In D1 steht die Kantenlänge a des Würfels, und sein Volumen wird berechnet mit der Formel $V = a^3$.

b) Man könnte die Wertepaare bzw. Zelleinträge in (B1|B2) und (D1|D2) sowie (C1|C2) und (F1|F2) vergleichen. Dann zeigt sich, dass bei Verdoppelung der Kantenlänge das Volumen auf das 8-Fache anwächst.

③ a) Die Formel steht für die Rechnung 80 · 1,2. Um einen Grundwert um 20 % zu erhöhen, multipliziert man ihn mit $(1 + \frac{20}{100})$, also mit 1,2.

b) Wenn man einen Grundwert um 20 % herabsetzt, multipliziert man ihn mit $1 - \frac{20}{100}$, also mit 0,8.

c) Formel in Zelle B5: =B4*A3 oder =B4*A5

Formel in Zelle B6: =B5*A2 oder =B5*A6

77 ① a) Die 3,6 m hohe Spitze ist auf dem Foto ungefähr 0,75 cm hoch. Der Obelisk ist auf dem Foto ungefähr 4,8 cm hoch. D. h. der Obelisk ist 6,4-mal (= 4,8 : 0,75) so hoch wie die Spitze. In Wirklichkeit ist der Obelisk also ca. 23 m (≈ 3,6 m · 6,4) hoch.

b) Das Volumen des Obelisken kann durch einen Quader mit 23 m Höhe und quadratischer Grundfläche mit Seitenlänge 2 m (etwas mehr als der Mensch vor dem Obelisken) abgeschätzt werden.

c) Nach der Schätzung in b) hat der Obelisk ein Volumen von $23\text{ m} \cdot 2\text{ m} \cdot 2\text{ m} = 92\text{ m}^3$. Daraus ergibt sich eine ungefähre Masse von $92\text{ m}^3 \cdot 2{,}8\frac{\text{t}}{\text{m}^3} \approx 257{,}6\text{ t}$. Der Obelisk wiegt ca. 260 t (in Wirklichkeit 250 t).

77

② Annahme: Der Mann neben dem Jungen auf dem Bild ist ungefähr 1,80 m groß. Ein normales Fußballtrikot ist ungefähr 0,80 m hoch.
Abschätzung: Das Trikot ist ungefähr viermal so groß wie der Mann.
Rechnung: Das Riesentrikot ist ungefähr 7,20 m (= 4 · 1,80 m) hoch. Damit ist es 9-mal (7,20 m : 0,80 m = 9) so groß wie ein normales Trikot. Also müsste ein Mensch auch 9-mal so groß sein: 1,80 m · 9 = 16,20 m.
Antwort: Ein Mensch müsste ungefähr 16,20 m groß sein, damit ihm das Trikot passt.

③ Damit man nicht alle Vögel auf dem Foto zählen muss, teilt man das Foto in gleich große Quadrate ein und geht davon aus, dass im Durchschnitt in jedem Quadrat gleich viele Vögel sind:

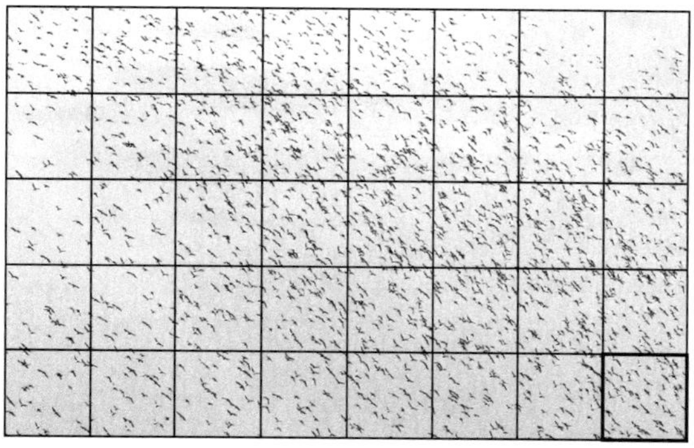

Hier wurde das Foto in 8 · 5 = 40 gleich große Quadrate eingeteilt. Nun zählt man die Anzahl der Vögel in einem Quadrat, in dem durchschnittlich viele Vögel zu sehen sind (z. B. unten rechts und nicht oben rechts). In dem Quadrat unten rechts mit dem dicken Rahmen befinden sich 20 Vögel. Diese Anzahl wird mit 40 multipliziert, da man 40 Quadrate hat, sodass insgesamt auf dem Foto etwa 800 (= 20 · 40) Vögel zu sehen sind.

Abschlusstest Teil B Komplexe Aufgaben

78

❶ Neue Preise

a) 1. Lösungsweg: 100 % entsprechen 639 €; 115 % entsprechen 639 € · $\frac{115}{100}$ = 734,85 €
   2. Lösungsweg: 639 € · 1,15 = 734,85 € ≈ 735 € Neuer Preis: ca. 735,00 €

b) 1. Lösungsweg: 49 € : 59 € ≈ 0,83 = 83 % Die Preissenkung betrug ca. 17 %.
   2. Lösungsweg: Die Preissenkung um 10 € entspricht 10 € : 59 € ≈ 0,17 = 17 %

c) 1. Lösungsweg: 14,80 € sind 95 % vom alten Preis. Der alte Preis betrug (14,80 € · 100) : 95 ≈ 15,60 €
   2. Lösungsweg: 14,80 € : 0,95 ≈ 15,58 € Alter Preis: ca. 15,60 €

❷ Autofarben

a) Sonstige Farben: 228 – 76 – 57 = 95
   Anteile:
   silbergrau: $\frac{76}{228} = \frac{1}{3} \approx 33{,}3\,\%$
   schwarz: $\frac{57}{228} = \frac{1}{4} = 25\,\%$
   Sonstige: $\frac{95}{228} = \frac{5}{12} \approx 41{,}7\,\%$

Farbe	Anzahl	Anteil als Bruch	Anteil in %
silbergrau	76	$\frac{1}{3}$	33,3 %
schwarz	57	$\frac{1}{4}$	25 %
Sonstige	95	$\frac{5}{12}$	41,7 %

b) Wenn sich der Anteil der schwarzen Autos nicht ändern wird, kann er mit ungefähr 75 schwarzen Autos rechnen, das sind $\frac{1}{4}$ von 300.

c) Zunächst werden alle gegebenen Wahrscheinlichkeiten in das Baumdiagramm eingetragen.
   Die Wahrscheinlichkeit für sonstige Farben beträgt $\frac{5}{12}$ (siehe a)).

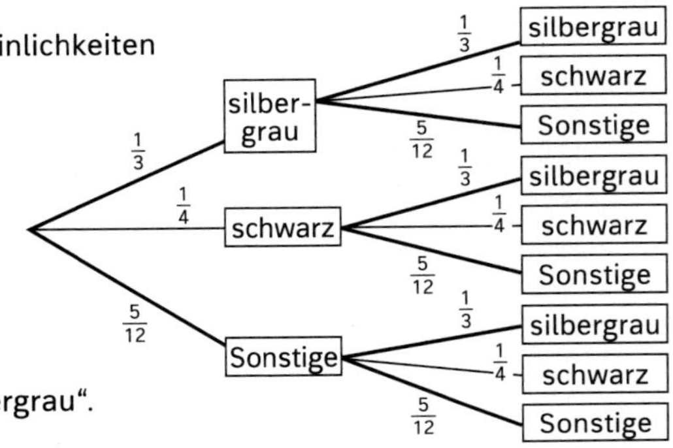

   Die gesuchten Wahrscheinlichkeiten berechnet man mit den Pfadregeln.
   (1) Hierzu gehört der Pfad „silbergrau-silbergrau“.
   P (beide silbergrau) = $\frac{1}{3} \cdot \frac{1}{3} = \frac{1}{9}$
   (2) Hierzu gehören zwei Pfade. Es sind die Pfade „silbergrau-schwarz“ und „schwarz-silbergrau“.
   P (silbergrau ; schwarz) = $\frac{1}{3} \cdot \frac{1}{4} + \frac{1}{4} \cdot \frac{1}{3} = \frac{2}{12} = \frac{1}{6}$

79

❸ Busfahrt

a) Während der Fahrt wird Benzin verbraucht, der Tankinhalt nimmt also ab. Ein Tankvorgang ist dagegen daran zu erkennen, dass die Benzinmenge im Tank sprunghaft ansteigt. Dies ist nach einer gefahrenen Strecke von 100 km und von 500 km der Fall.
   Die richtige Antwort ist also: Es wurde 2-mal angehalten, um zu tanken.

b) Die Entfernung von Köln nach Paris lässt sich auf der x-Achse ablesen; 800 km.

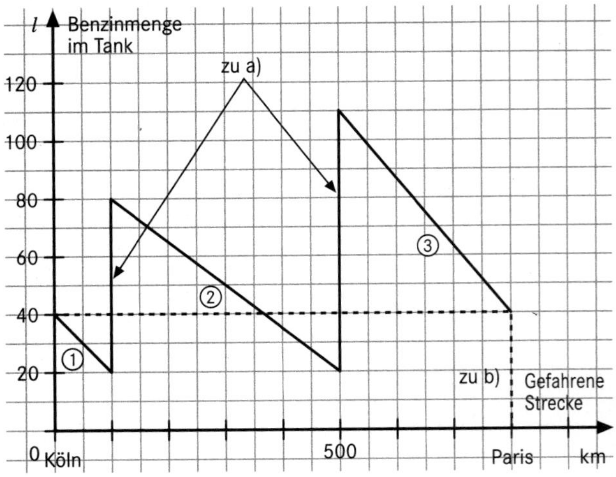

c) Je größer der Benzinverbrauch ist, desto rascher nimmt der Tankinhalt ab. Auf der Teilstrecke mit dem höchsten Benzinverbrauch fällt der Graph daher am steilsten ab. Dies trifft auf die Teilstrecke ③ zu.

d) Beim Start in Köln sind 40 *l* Benzin im Tank, bis zum ersten Tanken sind 20 *l* davon verbraucht. Die Teilstrecke ② beginnt der Bus mit einem Tankinhalt von 80 *l*, davon sind bis zum zweiten Tanken 60 *l* verbraucht. Die Teilstrecke ③ beginnt der Bus mit einem Tankinhalt von 110 *l*, bei seiner Ankunft in Paris sind noch 40 *l* im Tank. Der Bus hat also auf der letzten Etappe 70 *l* verbraucht.
   Auf der gesamten Fahrt verbrauchte der Bus also 20 *l* + 60 *l* + 70 *l* = 150 *l*.

79 **❹ Behälter mit Kugeln**

Insgesamt sind zunächst 7 Kugeln (3 blaue, 4 weiße) im Behälter. Also beträgt die Wahrscheinlichkeit, im ersten Zug eine blaue Kugel zu ziehen, $\frac{3}{7}$ und für eine weiße Kugel $\frac{4}{7}$.

Beim zweiten Zug sind nur noch 6 Kugeln im Behälter. Die Wahrscheinlichkeiten hängen vom Ergebnis des ersten Zuges ab.

Baumdiagramm:

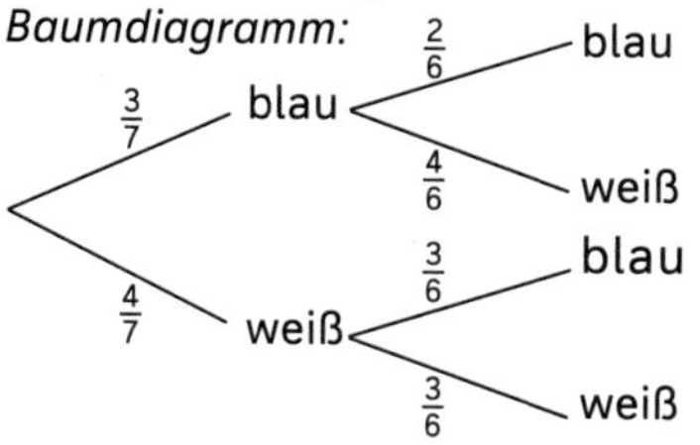

Björn gewinnt bei den Ergebnissen (blau ; blau) und (weiß ; weiß).

Mit den Pfadregeln berechnen wir die Wahrscheinlichkeiten.

P (Marc gewinnt) = P (blau ; weiß) + P (weiß ; blau)

$= \frac{3}{7} \cdot \frac{4}{6} + \frac{4}{7} \cdot \frac{3}{6}$

$= \frac{12}{42} + \frac{12}{42}$

$= \frac{24}{42} = \frac{4}{7} \approx 57\,\%$

P (Björn gewinnt) = P (blau ; blau) + P (weiß ; weiß)

$= \frac{3}{7} \cdot \frac{2}{6} + \frac{4}{7} \cdot \frac{3}{6}$

$= \frac{6}{42} + \frac{12}{42}$

$= \frac{18}{42} = \frac{3}{7} \approx 43\,\%$

Alternativer Lösungsweg: P (Marc gewinnt) = 1 – P (Björn gewinnt)

$= 1 - \frac{3}{7} = \frac{4}{7} \approx 57\,\%$

Gewinnchance für Marc: $\frac{4}{7} \approx 57\,\%$ Gewinnchance für Björn: $\frac{3}{7} \approx 43\,\%$

❺ Lotterie

a) Bei 80 % Nieten beträgt der Anteil der Gewinne 20 %.

Es gilt: $20\,\% = \frac{20}{100} = \frac{1}{5}$. Die Aussage „Jedes fünfte Los ist ein Gewinn" ist richtig.

b) Ein Los kostet 1,00 €. Insgesamt werden also 2 000 € eingenommen.

Folgende Gewinne werden ausgezahlt:

- 15 Hauptgewinne von je 50,00 €: 15 · 50 € = 750 €
- 4 % Preise von je 6,00 €: 4 % von 2 000 = 2 000 · 0,04 = 80
  80 · 6 € = 480 €
- Trostpreise von je 0,50 €: 80 % von 2 000 = 1 600 (Nieten), damit 400 Preise
  400 – 15 – 80 = 305 (Trostpreise)
  305 · 0,50 € = 152,50 €

Gewinn: 2 000 € – 750 € – 480 € – 152,50 € = 617,50 €

Mit der Lotterie wurde ein Gewinn von 617,50 € erzielt.

80 **❻ Flugzeug**

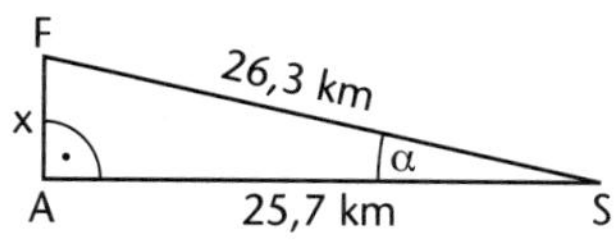

a) $x^2 + (25{,}7\text{ km})^2 = (26{,}3\text{ km})^2$ (Satz des Pythagoras)

$x^2 = (26{,}3\text{ km})^2 - (25{,}7\text{ km})^2$

$x^2 \approx 5{,}5857\text{ km}$

Das Flugzeug überfliegt Alsburg in ca. 5,6 km Höhe.

b) $\cos\alpha = \frac{\text{Ankathete}}{\text{Hypotenuse}}$

$\cos\alpha = \frac{25{,}7\text{ km}}{26{,}3\text{ km}}$

$\alpha \approx 12{,}262°$

Gesucht ist die Steigung in Prozent, also ist $\frac{x}{27{,}5\text{ km}} = \tan\alpha$ zu bestimmen.

$\tan 12{,}262° \approx 0{,}2173 \approx 21{,}7\,\%$

Das Flugzeug ist durchschnittlich mit 21,7 % aufgestiegen.

80

7 CD

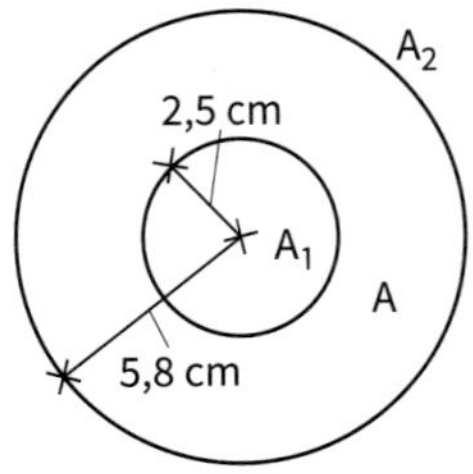

a) Die beschreibbare Fläche A hat die Form eines Kreisrings mit $d_1 = 50$ mm (also $r_1 = 25$ mm) und $d_2 = 116$ mm (also $r_2 = 58$ mm).

$A = A_2 - A_1$

$= \pi r_2^2 - \pi r_1^2$

$= \pi \cdot (58\text{ mm})^2 - \pi \cdot (25\text{ mm}^2)$

$\approx 8\,605\text{ mm}^2$

Die beschreibbare Fläche ist etwa 8 605 mm² groß.

b) Die Hälfte des Flächeninhalts beträgt etwa 4 303 mm² (= 8 605 mm² : 2). Um den Radius zu berechnen, muss der nicht beschreibbare innere Ring (625π mm² ≈ 1 943 mm²) addiert werden:
$4\,303\text{ mm}^2 + 1\,943\text{ mm}^2 = 6\,46\text{ mm}^2$.

Nun kann der Radius berechnet werden: $\pi r^2 = 6\,246\text{ mm}^2 \quad |:\pi$

$r^2 \approx 1\,988\text{ mm}^2 \quad |\sqrt{\ }$

$r \approx 45$ mm

Die CD ist „halb voll“, wenn sie bis zu etwa 45 mm beschrieben ist.

8 Reisepreis

a) und b) Die Anzahlung kann mit dem Dreisatz berechnet werden:

10 % von 998 € sind 99,80 €

20 % von 998 € sind 199,60 € (2 · 99,80 €)

Oder: 20 % von 998 € = $\frac{998\text{ €} \cdot 20}{100}$ = 199,60 €

Diese Rechnung lässt sich als Formel für B4 verallgemeinern: =A4*20/100.

Um den Restbetrag zu bestimmen, wird die Anzahlung vom Reisepreis subtrahiert:
998,00 € – 199,60 € = 798,40 €.
Verallgemeinert lautet dies als Formel für C4: =A4–B4.

81

9 Ferienplanung

a) Die pauschalen Nebenkosten betragen bei 4 Personen: 4 · 40 € = 160 €.
Pro Nacht kommen 70 € hinzu. Also lautet die Funktionsgleichung $y = 70x + 160$

b) Bezüglich des Kontexts sind jedoch nur die Punkte mit ganzzahligen x-Koordinaten sinnvoll zu interpretieren, da es z. B. 2,5 Übernachtungen nicht gibt.

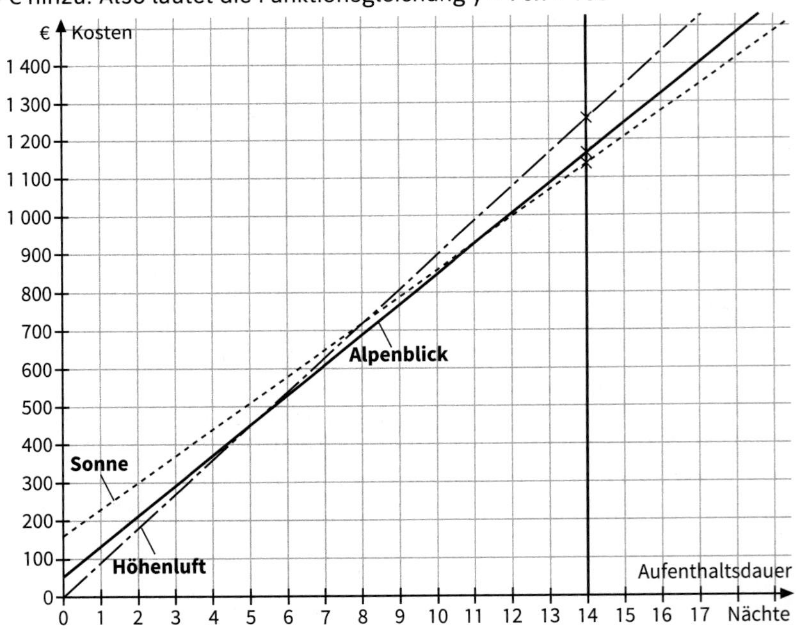

c) Familie Dogan will genau zwei Wochen (also 14 Tage) bleiben.
Aus dem Koordinatensystem ist abzulesen, dass die Kosten für diese Aufenthaltsdauer bei der Ferienwohnung Sonne am geringsten sind.
Man kann dies auch rechnerisch prüfen:

- Ferienwohnung Sonne: 14 · 70 € + 4 · 40 € = 1 140 €
- Ferienappartement Höhenluft: 14 · 90 € = 1 260 €
- Ferienwohnung Alpenblick: 14 · 80 € + 50 € = 1 170 €

81

10 Sonnenfinsternis

Während der Sonnenfinsternis wird die Leistung der Solaranlagen ca. $\frac{1}{3}$ (6 Gigawatt : 18 Gigawatt) betragen. Dies entspricht aber $0,3\overline{3}$, also etwa 33 %.

11 Verein

a) Insgesamt spielen 50 Jugendliche (15 Mädchen und 35 Jungen) der 325 Befragten im Verein Fußball. Das entspricht $\frac{50}{325} \approx 15\,\%$.

b) Von den 50 Jugendlichen, die im Verein spielen, sind 15 Mädchen. Das entspricht $\frac{15}{50} = 30\,\%$. Also hat Helena recht.

c) Justus vergleicht nur die absoluten Häufigkeiten (35 Jungen und 15 Mädchen) und berücksichtigt nicht die Gesamtzahlen (250 Jungen und nur 75 Mädchen). Für einen besseren Vergleich muss man die relativen Häufigkeiten (Anteile) heranziehen.
Anteil der 15 im Verein spielenden Mädchen unter den 75 Mädchen: $\frac{15}{75} = 20\,\%$
Anteil der 35 im Verein spielenden Jungen unter den 250 Jungen: $\frac{35}{250} = 14\,\%$
Da der Anteil bei den Mädchen höher ist, stimmt die Aussage von Justus nicht.

82

12 Zahlenrätsel

(1) A, (2) (F); (3) (H)

Lösungen der Gleichungen:

(A)

$$\begin{aligned} 2(5x+7) &= -3x+53 \\ 10x+14 &= -3x+53 && |+3x \\ 13x+14 &= 53 && |-14 \\ 13x &= 39 && |:13 \\ x &= 3 \end{aligned}$$

(F)

$$\begin{aligned} x-(-8) &= 5x+64 \\ x+8 &= 5x+64 && |-5x \\ -4x+8 &= 64 && |-8 \\ -4x &= 56 && |:(-4) \\ x &= -14 \end{aligned}$$

(H)

$$\begin{aligned} 4x-17 &= 3(x-2) \\ 4x-17 &= 3x-6 && |-3x \\ x-17 &= -6 && |+17 \\ x &= 11 \end{aligned}$$

13 Haus mit Pultdach

a) Der umbaute Raum entspricht dem Volumen des Baukörpers.
Berechnung des Volumens:
Das Haus kann als Prisma mit einem Trapez als Grundfläche betrachtet werden.
$V = G \cdot h$
$V = \frac{9{,}6\text{ m} + 6{,}2\text{ m}}{2} \cdot 8{,}4\text{ m} \cdot 12{,}6\text{ m}$ Beachte: Höhe des Trapezes: 8,4 m; Höhe des Prismas: 12,6 m
$V = 836{,}136\text{ m}^3$ $V \approx 836\text{ m}^3$

b) Berechnung des Flächeninhalts der Seitenflächen:
Die Seitenflächen bestehen aus zwei gleichen Trapezen und zwei Rechtecken.
$A = 2\left(\frac{9{,}6\text{ m} + 6{,}2\text{ m}}{2} \cdot 8{,}4\text{ m}\right) + 12{,}6\text{ m} \cdot 9{,}6\text{ m} + 12{,}6\text{ m} \cdot 6{,}2\text{ m}$
$A = 331{,}8\text{ m}^2$ $A \approx 332\text{ m}^2$

c) Berechnung des Neigungswinkels: $\tan\alpha = \frac{9{,}6\text{ m} - 6{,}2\text{ m}}{8{,}4\text{ m}} = \frac{3{,}4\text{ m}}{8{,}4\text{ m}}$ $\alpha \approx 22°$

14 Taschengeld

Das geringste monatliche Taschengeld beträgt 10 €, das höchste 80 €. Daraus ergibt sich die Spannweite 80 € – 10 € = 70 €.
Der mittlere Betrag (Median) liegt bei 30 €. 50 % der Befragten erhalten Taschengeld zwischen 20 € (unteres Quartil) und 50 € (oberes Quartil). Es fällt auf, dass die Streuung oberhalb des Medians erheblich größer ist als darunter. Am größten ist sie im obersten Viertel. 25 % der befragten Jugendlichen erhalten monatlich 50 € bis 80 € Taschengeld.

83

⑮ Aralsee

a) Es gibt sehr viele Möglichkeiten, die Fläche des Aralsees so durch berechenbare Flächen abzudecken, dass sich „Gewinne“ und „Verluste“ ungefähr ausgleichen. Eine mögliche Lösung ist hier dargestellt:
Die gemessenen Werte in cm muss man mit 62,5 multiplizieren, dann erhält man die tatsächliche Entfernung in km.
Größe des Sees im Jahre 1960:

$A_1 \approx 256{,}25\text{ km} \cdot 200\text{ km} = 51\,250\text{ km}^2$ (Parallelogramm)

$A_2 \approx \frac{237{,}5\text{ km} + 68{,}75\text{ km}}{2} \cdot 81{,}25\text{ km} \approx 12\,441\text{ km}^2$ (Trapez)

$A_3 \approx \frac{137{,}5\text{ km} \cdot 62{,}5\text{ km}}{2} = 4\,297\text{ km}^2$ (Dreieck)

$A_1 + A_2 + A_3 = 67\,988\text{ km}^2$

Im Jahr 1960 war der Aralsee etwa 68 000 km² groß.

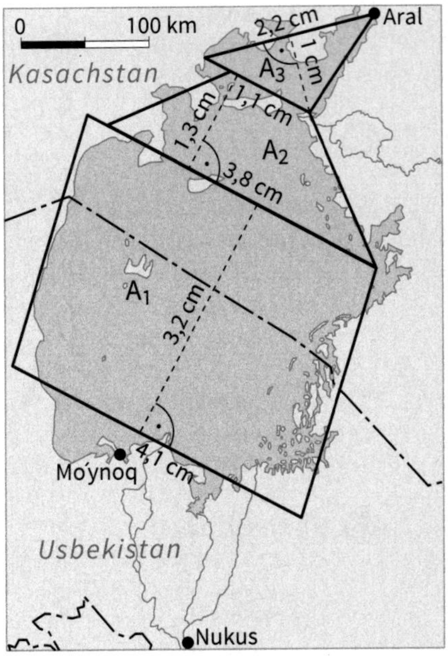

b) Größe des Sees im Jahre 2010:

$A_1 \approx 187{,}5\text{ km} \cdot 25\text{ km} = 4\,687{,}5\text{ km}^2$ (Parallelogramm)

$A_2 \approx 25\text{ km} \cdot 12{,}5\text{ km} = 312{,}5\text{ km}^2$ (Rechteck)

$A_3 \approx \frac{81{,}25\text{ km} + 125\text{ km}}{2} \cdot 31{,}25\text{ km} \approx 3\,222{,}7\text{ km}^2$ (Trapez)

$A_1 + A_2 + A_3 \approx 8\,222{,}7\text{ km}^2$

Im Jahr 2010 war der Aralsee etwa 8 220 km² groß.

Prozentsatz berechnen: $p\,\% = \frac{8\,220}{68\,000} \approx 0{,}12 = 12\,\%$

Im Jahr 2010 hatte der Aralsee etwa 88 % seiner Größe von 1960 verloren.

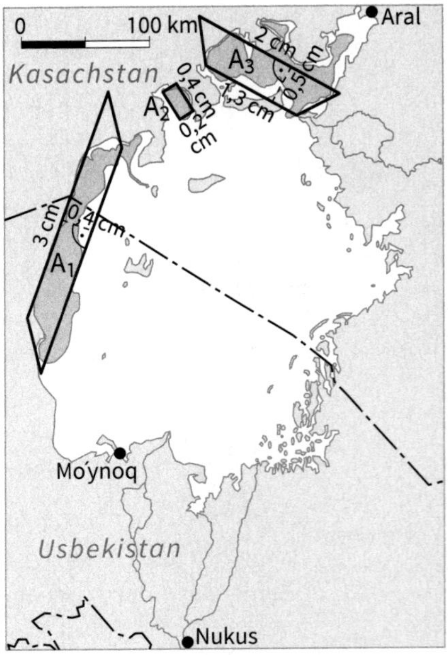

⑯ Gesunde Ernährung

a) 4,9 g ≙ 5,6 %　　$x = \frac{4{,}9\text{ g} \cdot 100\,\%}{5{,}6\,\%} = 87{,}5\text{ g}$
x g ≙ 100 %
Die empfohlene Tagesmenge beträgt 87,5 g.

b) Zuckergehalt im Frühstück:
3 Schreiben Vollkorntoast + 1x Butter + 1x Marmelade + 1x Schokoaufstrich + 1x Kakaomilch
$3 \cdot 0{,}5\text{ g} + 0{,}5\text{ g} + 15\text{ g} + 10\text{ g} + 20\text{ g} = 47\text{ g}$
Prozentualer Anteil: $p\,\% = \frac{47\text{ g}}{87{,}5\text{ g}} \approx 0{,}54 = 54\,\%$
Von der empfohlenen Tagesmenge sind etwa 54 % im Frühstück enthalten.

84

17 Gleichungen

(1) $(x + 3) \cdot (8 - 2x)$ ist ein Produkt, das genau dann null ist, wenn ein Faktor null ist.

$(x + 3) \cdot (8 - 2x) = 0$

$x + 3 = 0 \quad | -3$ oder $8 - 2x = 0 \quad | -8$

$x_1 = -3$ oder $-2x = -8 \quad | :(-2)$

$x_2 = 4$

(2) $x^2 + 5x = 0 \quad |$ x ausklammern

$x \cdot (x + 5) = 0$

$x_1 = 0$ oder $x + 5 = 0 \quad | -5$

$x_2 = -5$

(3) $3x^2 - 8 = 4 \quad | +8$

$3x^2 = 12 \quad | :3$

$x^2 = 4 \quad | \sqrt{}$

$x_1 = 2$ oder $x_2 = -2$

(4) Hier können wir die Lösungsformel anwenden.

$2x^2 - 12x + 4 = 18 \quad | -18$

$2x^2 - 12x - 14 = 0 \quad | :2$

$x^2 - 6x - 7 = 0 \quad | p = -6; q = -7$

$x = \frac{6}{2} + \sqrt{\left(\frac{6}{2}\right)^2 + 7}$ oder $x = \frac{6}{2} - \sqrt{\left(\frac{6}{2}\right)^2 + 7}$

$x = 3 + \sqrt{16}$ oder $x = 3 - \sqrt{16}$

$x_1 = 7$ oder $x_2 = -1$

18 Gebäude

a) Da die Parabel achsensymmetrisch zur y-Achse ist, liegt der höchste Punkt auf der y-Achse, also bei $x = 0$. Aus der Funktionsgleichung und aus dem Bild kann man ablesen, dass zu $x = 0$ der y-Wert 18 gehört. Die Ausstellungshalle ist 18 m hoch.

b) Setze für die Höhe $y = 9$ in die Parabelgleichung ein und bestimme die zugehörigen x-Werte:

$9 = -\frac{1}{9}x^2 + 18 \quad | -18$

$-9 = -\frac{1}{9}x^2 \quad | \cdot(-9)$

$x^2 = 81 \qquad x_1 = -9;\ x_2 = +9$

Der Abstand der beiden x-Werte ist 18, also ist in der Höhe 9 m die Halle 18 m breit und damit doppelt so breit wie hoch.

c) $0 = -\frac{1}{9}x^2 + 18 \quad | -18$

$-18 = -\frac{1}{9}x^2 \quad | \cdot(-9)$

$x^2 = 162 \qquad x_1 \approx -12{,}73;\ x_2 = +12{,}73$

Der Abstand von der y-Achse zu einer Nullstelle ist ca. zwei Drittel von 18 (der Höhe der Halle in m). Wenn man im Foto zwei Drittel der Höhe an der x-Achse abträgt, sieht man, dass die Halle am Boden etwas breiter ist. Die Beschreibung durch eine Parabel passt also nicht genau. Es sieht so aus, als könnte man den unteren Teil der Außenlinie besser durch eine Gerade beschreiben.

85

19 Nerobergbahn

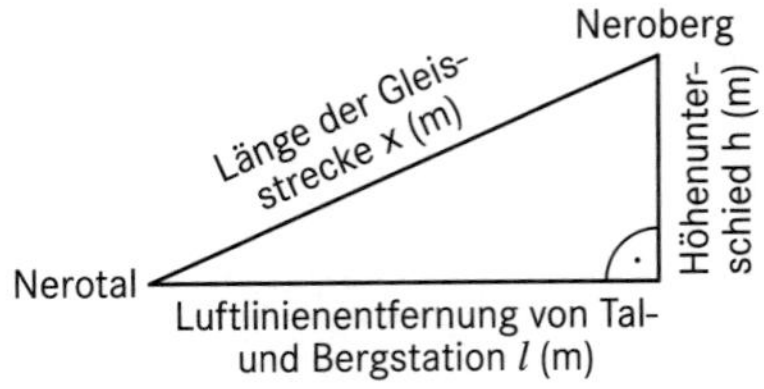

Die Länge der gesuchten Strecke ermittelt man mithilfe des Satzes des Pythagoras.
Der Höhenunterschied zwischen Tal- und Bergstation beträgt 83 m. Die Luftlinienentfernung l zwischen Tal- und Bergstation können wir mithilfe der Entfernungen der beiden Orte in der abgebildeten Karte und dem angegebenen Kartenmaßstab bestimmen.
Der Abstand zwischen Tal- und Bergstation in der Karte beträgt ca. 4,3 cm.
Zu berechnen ist die Länge in der Wirklichkeit.
Der Maßstab 1 : 10 000 bedeutet: 1 cm auf einer Karte entsprechen 10 000 cm in der Wirklichkeit.
Man muss die gemessene Strecke also mit 10 000 multiplizieren: 4,3 cm · 10 000 = 43 000 cm.
Die Luftlinienentfernung l zwischen den beiden Orten beträgt in der Realität also etwa 430 m.
Jetzt lässt sich die gesuchte Strecke x mit dem Satz des Pythagoras ermitteln:

$$x^2 = h^2 + l^2$$
$$= (83\text{ m})^2 + (430\text{ m})^2 = 191\,789\text{ m}^2 \qquad x \approx 437{,}9\text{ m}$$

Die Länge der Gleisstrecke zwischen Nerotal und Neroberg beträgt also ungefähr 438 m.

20 Felswand

Da ∢ FBA = 45° und ∢ BAF = 90°, ist ∢ AFB = 45°. Das Dreieck ist damit gleichschenklig.
Also ist die Höhe der Felswand h = AF = AB

Im Dreieck ACF gilt: $\tan 32° = \frac{\text{Gegenkathete}}{\text{Ankathete}}$

$$\tan 32° = \frac{h}{(h+30)} \qquad | \cdot (h+30)$$
$$\tan 32° \cdot (h+30) = h \qquad | \text{ ausmultiplizieren}$$
$$\tan 32° \cdot h + 30 \cdot \tan 32° = h$$
$$0{,}6249\,h + 18{,}7461 \approx h \qquad | -0{,}6249\,h$$
$$18{,}7461 \approx 0{,}3751\,h \qquad | : 0{,}3751$$
$$h \approx 49{,}98\text{ m}$$

Die Felswand ist etwa 50 m hoch.

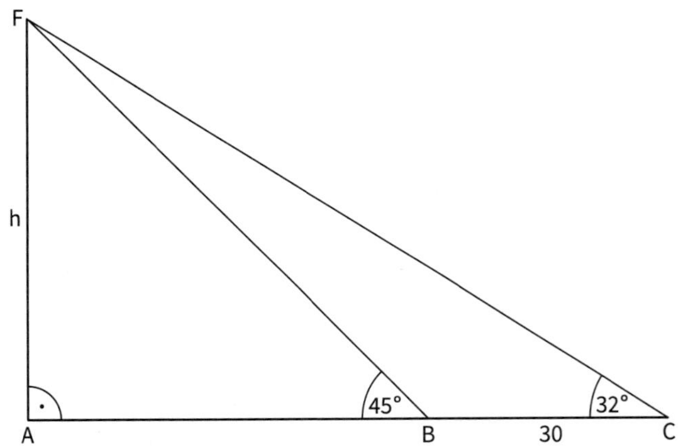

21 Maßänderungen

a) (1) Die Aussage ist richtig, denn
$u = 2\pi r$ Wird r durch 2r ersetzt, ergibt sich $u = 2\pi(2r) = 4\pi r = 2 \cdot 2\pi r$
(2) Die Aussage ist falsch. Der Flächeninhalt vervierfacht sich, denn
$A = \pi r^2$ Wird r durch 2r ersetzt, ergibt sich $A = \pi(2r)^2 = \pi \cdot 4r^2 = 4 \cdot \pi r^2$

b) Das Volumen verachtfacht sich, denn
$V = \frac{1}{3}\pi r^2 h$ Wird r durch 2r und h durch 2h ersetzt, ergibt sich
$V = \frac{1}{3}\pi(2r)^2 \cdot 2h = \frac{1}{3}\pi \cdot 4r^2 \cdot 2h = 8 \cdot \frac{1}{3}\pi r^2 h$

86

22 Wucherzins

a)

Jahr	0	1	2	3	4	5	6
Schulden	5000 €	6000 €	7200 €	8600 €	10400 €	12400 €	14900 €

b) Nach einem Jahr sind die Schulden von 5000 € auf 6000 € gestiegen, also um 1000 €.
Zinssatz p %: 1000 € von 5000 € = $\frac{1000}{5000} = 0{,}2 = 20\,\%$

c) Bei einem Zinssatz von 20 % erhöhen sich die Schulden jedes Jahr auf das 1,2-Fache. Der Wachstumsfaktor beträgt also 1,2.
Lösungsweg 1: Gesucht ist die Zahl n, für die gilt:
$5000 \cdot 1{,}2^n > 30000$ | systematisches Probieren
$5000 \cdot 1{,}2^{10} \approx 30959 > 30000$
Lösungsweg 2: Man könnte schrittweise mit dem Taschenrechner weiterrechnen:
$5000 \cdot 1{,}2 = 6000$ $6000 \cdot 1{,}2 = 7200$ $7200 \cdot 1{,}2 = 8640$ ...
Nach 10 Jahren übersteigen die Schulden 30000 €.

23 Sonderpreis

a) Methode (1) berücksichtigt nicht den Rabatt von 3 %. Die Methode ist falsch.
Methode (2) berechnet zuerst 85 % (100 % – 15 %) vom bisherigen Preis. Dann werden von 3 % vom reduzierten Preis subtrahiert. Die Methode ist richtig.
Methode (3) ist auch richtig.
Es gilt: 100 % – 15 % = 85 % = 0,85 und
100 % – 3 % = 97 % = 0,97
Deshalb kann der gesenkte Barzahlungspreis so berechnet werden:
(1500 € · 0,85) · 0,97 = 1236,75 €

b) Die Rechnung z. B. mit Methode (3) ergibt 1236,75 €.

24 Werkstück

a) Für die Berechnung der Masse wird das Volumen benötigt.
$V = V_{Zylinder} - 2\,V_{Kegel}$

$V = \pi \cdot r_Z^2 \cdot h_Z - 2 \cdot \frac{1}{3} \cdot \pi \cdot r_K^2 h_K$

$= \pi \cdot 3^2\,cm^2 \cdot 18\,cm - 2 \cdot \frac{1}{3} \cdot \pi \cdot 1{,}5^2\,cm^2 \cdot 9\,cm$

$\approx 508{,}9\,cm^3 - 42{,}4\,cm^3 = 466{,}5\,cm^3$

Masse des Werkstücks: $8{,}73\,\frac{g}{cm^3} \cdot 466{,}5\,cm^3 = 4072{,}545\,g$
Die Masse beträgt rund 4073 g.

b) Der Oberflächeninhalt setzt sich aus dem Oberflächeninhalt des Zylinders und den Mantelflächen der Kegel zusammen. Davon müssen noch die Grundflächen der Kegel subtrahiert werden, da das Werkstück an beiden Enden offen ist.
$A_O = A_{OZ} + 2 \cdot A_{MK} - 2 \cdot A_{GK}$
$A_O = 2\pi r_Z (r_Z + h_Z) + 2\pi r_K s - 2\pi r_K^2$
Berechnung der Seitenlinie s: $s = \sqrt{1{,}5^2 + 9^2}\,cm \approx 9{,}12\,cm$
$A_O = 2\pi \cdot 3\,cm\,(3\,cm + 18\,cm) + 2\pi \cdot 1{,}5\,cm \cdot 9{,}12\,cm - 2\pi \cdot 1{,}5^2\,cm^2$
$A_O \approx 395{,}84\,cm^2 + 85{,}95\,cm^2 - 14{,}14\,cm^2$
$A_O \approx 467{,}65\,cm^2$
Der Oberflächeninhalt beträgt rund 468 cm².

87

25 Lustige Abfallbehälter

a) Die folgenden Abschätzungen beziehen sich auf das Foto rechts neben dem Text. Dabei werden die gesuchten Längen mit den Maßen des Rucksacks, der davor steht, verglichen.
Der Rucksack ist vermutlich 50 cm hoch und 30 cm breit.
Höhe h der Behälter (ohne „Kopf"): 85 cm
Höhe k der Behälter (mit „Kopf"): 100 cm
oberer Durchmesser do: 50 cm
unterer Durchmesser du: 60 cm

b) Die Abschätzungen des Volumens durch den Zylinder (3) beschreiben am genauesten das tatsächliche Volumen des Abfallsammlers. Der Zylinder ist oben zwar ein wenig zu breit, dafür in der „bauchigen Mitte" des Abfallbehälters etwas zu klein.
Der Quader wird einen etwas zu kleinen Wert liefern, da der obere Durchmesser gewählt wurde.
Die Abschätzung durch den Kegel wird zu einem deutlich zu kleinen Wert führen, denn trotz des gewählten größeren Durchmessers u für die Grundfläche und der Gesamthöhe k bleibt viel Rauminhalt unberücksichtigt.

26 Kugeln

a)

Figur	1	2	3	4	5	6
			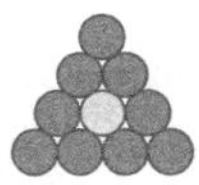	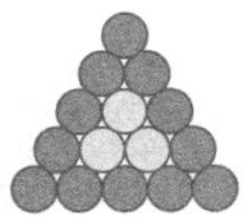	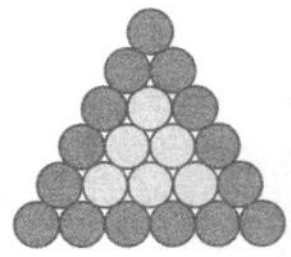	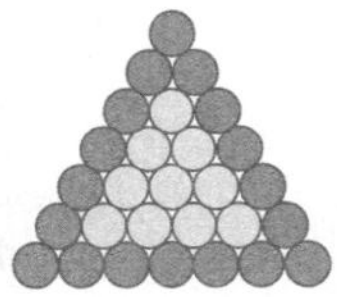
Anzahl aller Kugeln	3	6	10	15	21	28
Anzahl der blauen Kugeln	3	6	9	12	15	18
Anzahl der weißen Kugeln	0	0	1	3	6	10

b) Die Figur 4 hat an jeder der drei Seiten 5 blaue Kugeln, die Figur 5 hat dreimal 6 blaue Kugeln und die Figur n dreimal (n + 1) blaue Kugeln. Dabei werden die 3 Kugeln in den Ecken doppelt gezählt.
Somit sind in der Figur n genau $3 \cdot (n + 1) - 3 = 3 \cdot n + 3 \cdot 1 - 3 = 3 \cdot n$ blaue Kugeln.

c) Für n = 15 erhalten wir $\frac{1}{2} \cdot (15 + 2) \cdot (15 + 1) = 136$ Kugeln.

d) Für n = 20 erhalten wir:

Anzahl aller Kugeln: $\frac{1}{2} \cdot (20 + 2) \cdot (20 + 1) = 231$ Kugeln

Anzahl der blauen Kugeln: $3 \cdot 20 = 60$ Kugeln
Anzahl der weißen Kugel: $231 - 60 = 171$ Kugeln

Zusatz: Erklärung des Terms $\frac{1}{2} \cdot (n + 2) \cdot (n + 1)$

„Verdopplung" der Figur 5

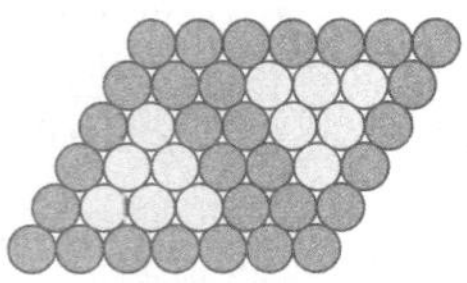

(5 + 1) Zeilen

(5 + 2) Spalten

Anzahl der Kugeln insgesamt:

$\frac{1}{2} \cdot (5 + 2) \cdot (5 + 1) = 21$

„Verdopplung" der Figur n

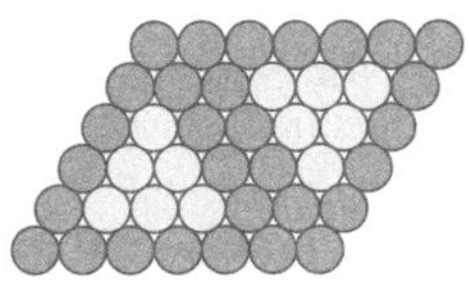

(n + 1) Zeilen

(n + 2) Spalten

Anzahl der Kugeln insgesamt:

$\frac{1}{2} \cdot (n + 2) \cdot (n + 1)$

Zentrale Aufgaben Teil C

Alle Lösungen Teil C nicht amtliche Lösungen

Zentral Prüfung 2019

Prüfungsteil I

88 **Aufgabe 1**

a) $-6{,}26 < -0{,}626 < \frac{1}{6} < \frac{6}{10}$, da $\frac{1}{6} = 0{,}166...$ und $\frac{6}{10} = 0{,}6$

Aufgabe 2

a) Durch die Diagonale d entsteht ein rechtwinkliges Dreieck. Die Seiten a und b bilden die Katheten, d ist die Hypotenuse. Mit dem Satz des Pythagoras gilt: $(5\text{ cm})^2 + (3\text{ cm})^2 = d^2$.
$d^2 = 25\text{ cm}^2 + 9\text{ cm}^2 = 34\text{ cm}^2$
$d = \sqrt{34}\text{ cm} \approx 5{,}83\text{ cm}$ Die Diagonale ist ca. 5,8 cm lang.

b) Der Flächeninhalt des Rechtecks beträgt $A = 5\text{ cm} \cdot 3\text{ cm} = 15\text{ cm}^2$. Nach dem Verdoppeln der Seitenlängen ist das Rechteck 10 cm lang und 6 cm breit. Sein Flächeninhalt beträgt nun $10\text{ cm} \cdot 6\text{ cm} = 60\text{ cm}^2$. Durch das Verdoppeln der Seitenlängen hat sich der Flächeninhalt vervierfacht.

c) Für das Rechteck muss gelten: $a \cdot b = 24\text{ cm}^2$.
1. Möglichkeit: a = 2 cm und b = 12 cm
2. Möglichkeit: a = 3 cm und b = 8 cm
3. Möglichkeit: a = 4 cm und b = 6 cm usw.
Weitere Möglichkeiten findet man, wenn man für a eine Länge vorgibt und b berechnet:
$b = 24\text{ cm}^2 : a$. Beispiel: Mit a = 7,5 cm folgt $b = 24\text{ cm}^2 : 7{,}5\text{ cm} = 3{,}2\text{ cm}$.

Aufgabe 3

a) Da f(0) = c, ist (0 | c) der Punkt, in dem die Parabel die y-Achse schneidet. Die Parabel schneidet die y-Achse bei (0 | 3), also ist c = 3.

b) Damit die Parabel vollständig oberhalb der x-Achse verläuft, müssen die Werte von c positiv sein ($c > 0$).

89 **Aufgabe 4**

a)

Formel	geeignet	nicht geeignet
=B5/3		X
=B8*B2	X	
=C1–(C5+C6+C7)		X

In Zelle C8 wird die Tourismussteuer für 7 Nächte berechnet. Dazu passt die Formel =B8*B2, bei der die Tourismussteuer für eine Nacht mit der Anzahl der Nächte multipliziert wird. Mit der Formel =B5/3 wird der Übernachtungspreis durch 3 dividiert, sie ist also nicht geeignet. Die dritte Formel ist nicht geeignet, wenn C10 mit der Formel =C5+C6+C7+C8 berechnet wird, da dafür der Wert von C8 schon bekannt sein muss. Man könnte die dritte Formel aber verwenden, wenn man z. B. in B10 die Gesamtkosten pro Nacht summiert und in C10 dieses Ergebnis mit der Anzahl der Nächte multipliziert.

b) Tarek spart 42 € von 202,30 €: G = 202,30 €, W = 42 €, Gesucht: $p\,\% = \frac{W}{G}$

$p\,\% = \frac{42}{202{,}30} \approx 0{,}21 = 21\,\%$

Tarek spart ungefähr 21 % der Gesamtkosten, wenn er kein Abendessen bucht.

89 **Aufgabe 5**

Lösung mit dem Additionsverfahren:

I.	$4x + y = 16$	
II.	$-2x - 2y = 4$	$\mid : (-2)$
I.	$4x + y = 16$	
II.	$x + y = -2$	
I. – II.	$3x = 18$	$\mid : 3$
	$x = 6$	

Einsetzen in I.: $24 + y = 16 \quad \mid -24$

$y = -8$

Probe mit II.: $-12 + 16 = 4$ (wahr)

Prüfungsteil II

90 **Aufgabe 1: Kaugummiautomat**

a) Für das Volumen einer Kugel gilt: $V = \frac{4}{3}\pi \cdot r^3$. Da der Durchmesser d = 14 mm, beträgt der Radius r = 7 mm = 0,7 cm. Damit ergibt sich: $V = \frac{4}{3}\pi \cdot 0{,}7^3\ \text{cm}^3 = 1{,}43676...\ \text{cm}^3 \approx 1{,}44\ \text{cm}^3$.

b) Eine Kaugummikugel wiegt $1{,}44\ \text{cm}^3 \cdot 0{,}82\ \frac{\text{g}}{\text{cm}^3} = 1{,}1808$ g.
300 g : 1,1808 g ≈ 254
In einer 300-g-Packung sind 254 Kugeln.

c) Steffi hat mit dem Term in der Klammer das Volumen des Behälters berechnet und dieses Volumen durch das Volumen einer Kaugummikugel geteilt. Sie hat nicht berücksichtigt, dass die Kugeln nicht dicht aneinander gepackt sind, sondern sich dazwischen noch Lücken befinden. Es passen weniger als 8 035 Kugeln in den Behälter. Der Ansatz ist also nicht geeignet.

91 d) In dem Automaten sind insgesamt 20 Kaugummikugeln, davon sind 8 rot. Die Wahrscheinlichkeit, eine rote Kugel zu ziehen, beträgt danach $P(\text{rot}) = \frac{8}{20} = \frac{2}{5}$.

e)

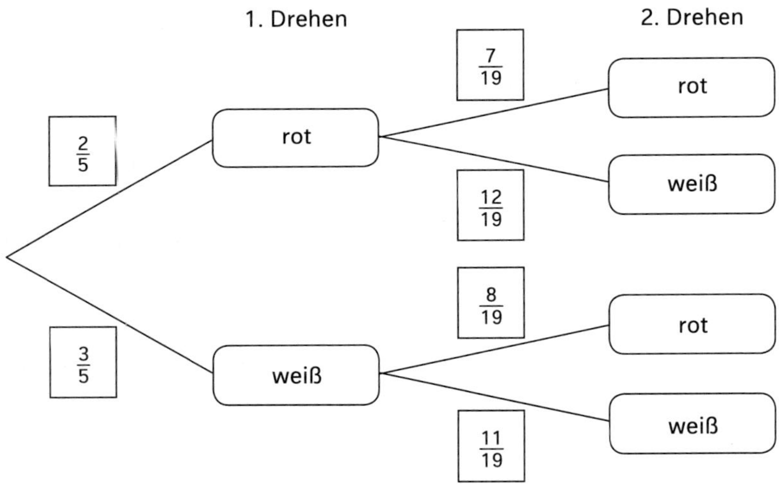

f) P(zwei verschiedenfarbige Kugeln) = P(rot; weiß) + P(weiß; rot)

$= \frac{2}{5} \cdot \frac{12}{19} + \frac{3}{5} \cdot \frac{8}{19} = \frac{24}{95} + \frac{24}{95} = \frac{48}{95} = 0{,}505263... > 50\,\%$

Steffis Bruder hat nicht recht, die Wahrscheinlichkeit ist etwas größer als 50 %.

92 **Aufgabe 2: Schwimmbecken**

a) Das Schwimmbecken hat die Form eines Zylinders. Für das Volumen gilt die Formel: $V = G \cdot h$.
Gegeben sind $V = 14{,}43\ \text{m}^3$ und h = 1,5 m. Damit folgt: $G = V : h = 14{,}43\ \text{m}^3 : 1{,}5\ \text{m} = 9{,}62\ \text{m}^2$.

b) Gegeben ist die Grundfläche $G = 9{,}62\ \text{m}^2$. Das Wasser steht 1,30 m hoch. Das Volumen des Wassers beträgt $V = G \cdot h = 9{,}62\ \text{m}^2 \cdot 1{,}3\ \text{m} = 12{,}506\ \text{m}^3 = 12\,506\ \text{dm}^3 = 12\,506$ Liter.
In das Becken passen ca. 12 500 Liter.

c) Die Grundfläche des Schwimmbeckens ist ein Kreis. Zu bestimmen ist sein Durchmesser. Wegen $G = \pi \cdot r^2 = 9{,}62\ \text{m}^2$ folgt: $r = \sqrt{\frac{9{,}62\ \text{m}^2}{\pi}} \approx 1{,}75$ m. Damit ist der Kreisdurchmesser $d = 2r \approx 3{,}50$ m.

Jede Seite der Terrasse ist 3,50 m + 0,80 m = 4,30 m lang.

92 d) 0,5 ist der Startwert. Er gibt an, wie viele Quadratmeter der Wasserfläche zu Beginn der Beobachtung bedeckt sind. 1,2 ist der Wachstumsfaktor $(1 + p\,\%)$, da sich die Algen täglich um 20 % vermehren. $f(x)$ beschreibt die Größe der bedeckten Fläche nach x Tagen.

e) „Nach 6 Tagen“ bedeutet $x = 6$: $f(6) = 0{,}5 \cdot 1{,}2^6 \approx 1{,}493$
Nach 6 Tagen sind ungefähr $1{,}5\ m^2$ mit Algen bedeckt.

f) Die Exponentialfunktion wächst für zunehmende x immer weiter, während die Wasseroberfläche des Schwimmbeckens begrenzt ist. Daher kann die Funktion das Wachstum nur für einen begrenzten Zeitraum beschreiben. Durch Probieren mit $f(x)$ sieht man, dass nach 17 Tagen die bedeckte Fläche ca. $11\ m^2$ betragen würde. Das ist größer als die Wasseroberfläche des Schwimmbeckens.

93 **Aufgabe 3: Würfel**

a) Figur 4 besteht aus $6 \cdot 4 = 24$ Würfeln.

b) $8 \cdot (8 + 2) = 8 \cdot 10 = 80$ Figur 8 besteht aus 80 Würfeln.

c) Figur 1 ist einen Würfel hoch, jede folgende Figur ist um je einen Würfel höher. Damit ist Figur n dann n Würfel hoch.
Jede Figur ist um zwei Würfel breiter als hoch, also ist Figur n dann $n + 2$ Würfel breit.
Da die Figuren jeweils ein Rechteck bilden, besteht Figur n aus insgesamt $n \cdot (n + 2)$ Würfeln.

d) $n \cdot (n + 2) = 224 \quad | -224$
$n^2 + 2n - 224 = 0 \quad |$ p-q-Formel
$n_{1/2} = -1 \pm \sqrt{1 + 224} = -1 \pm \sqrt{225} = -1 \pm 15$
$n_1 = -16;\ n_2 = 14$
Da die Anzahl der Würfel nur positiv sein kann, ist es Figur 14, die aus insgesamt 224 Würfeln besteht.

e) (I) $n \cdot (n + 2) = n^2 + 2n$
(II) $(n + 1)^2 - 1 = n^2 + 2n + 1 - 1 = n^2 + 2n$
Die Terme (I) und (II) sind also gleichwertig.

f) Durch systematisches Probieren erhält man:
$20 \cdot 22 = 440$
$25 \cdot 27 = 675$
$22 \cdot 24 = 528$
$21 \cdot 23 = 483$
Mit 500 Würfeln können sie höchstens Figur 21 bauen, zu Figur 22 fehlen ihnen noch 28 Würfel.

Zentrale Prüfung 2018

Prüfungsteil I

94 **Aufgabe 1**

a) $-0{,}7 < -\frac{1}{7} < \frac{7}{100} < 0{,}17$, da $-\frac{1}{7} \approx -0{,}14$ und $\frac{7}{100} = 0{,}07$

b) $\frac{25}{35} = 0{,}8\overline{3} = 83{,}\overline{3}\,\%$ Das sind mehr als 65 %, Miriam hat nicht recht.

Aufgabe 2

a) In dem Beutel sind insgesamt 16 Kugeln, davon sind zwei blau. $P(\text{blau}) = \frac{2}{16} = \frac{1}{8}$

b) $P(\text{rot oder grün}) = P(\text{rot}) + P(\text{grün}) = \frac{8}{16} + \frac{6}{16} = \frac{14}{16} = \frac{7}{8}$
Man kann aber auch mit dem Gegenereignis rechnen: $P(\text{rot oder grün}) = 1 - P(\text{blau}) = 1 - \frac{1}{8} = \frac{7}{8}$

94

Aufgabe 3

a) Für den Oberflächeninhalt einer Kugel gilt: $O = 4\pi r^2$.
Mit r = 6 cm ergibt sich: $O = 4\pi \cdot (6\text{ cm})^2 \approx 452{,}39\text{ cm}^2$

b) Mit dem doppelten Radius von r = 12 cm ergibt sich: $O = 4\pi \cdot (12\text{ cm})^2 \approx 1809{,}56\text{ cm}^2$
Sina hat nicht recht. Wenn man den Radius verdoppelt, vervierfacht sich der Oberflächeninhalt.

95

Aufgabe 4

Da in beiden Gleichungen 4y steht, bietet sich eine Lösung mit dem Additionsverfahren an.

I. $3x + 4y = 22$
II. $5x - 4y = -6$

I. + II. $8x = 16 \quad | :8$
$x = 2$

Einsetzen in I.: $3 \cdot 2 + 4y = 22 \quad |-6$
$4y = 16 \quad | :4$
$y = 4$

Probe mit II.: $5 \cdot 2 - 4 \cdot 4 = 10 - 16 = -6$ (wahr)

Aufgabe 5

a) b ist der y-Achsenabschnitt. Die Gerade schneidet die y-Achse bei 3, also ist b = 3.

b) Die neue Gerade schneidet die y-Achse bei 5 und hat die gleiche Steigung wie die Gerade g.

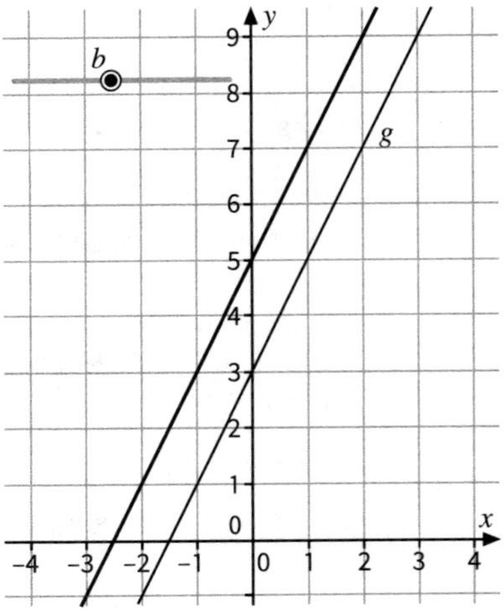

Prüfungsteil II

96

Aufgabe 1: Fuldatalbrücke

a) Einfach ist die Lösung mit dem Dreisatz:
Für 4 km benötigen sie 1 Stunde = 60 min.
Für 1 km benötigen sie 15 min.
Für 2,4 km benötigen sie 2,4 · 15 min = 36 min.

Man kann aber auch mit der Formel für die Geschwindigkeit $v = \frac{s}{t}$ rechnen.

Umstellen nach t liefert $t = \frac{s}{v}$. Einsetzen der Werte für s und t ergibt:

$t = \frac{2{,}4\text{ km}}{4\,\frac{\text{km}}{\text{h}}} = 0{,}6\text{ h} = 0{,}6 \cdot 60\text{ min} = 36\text{ min}$

b) Die Geschwindigkeit ist am größten, wenn die Steigung des Graphen am größten ist. Dies ist der Fall auf dem Abschnitt zwischen Gießen und Marburg.

c) Die Fahrt beginnt um 8:30 Uhr in Baunatal, das ca. 188 km von Frankfurt entfernt ist. Eine Stunde später (um 9:30 Uhr) ist der Zug noch ca. 88 km von Frankfurt entfernt.

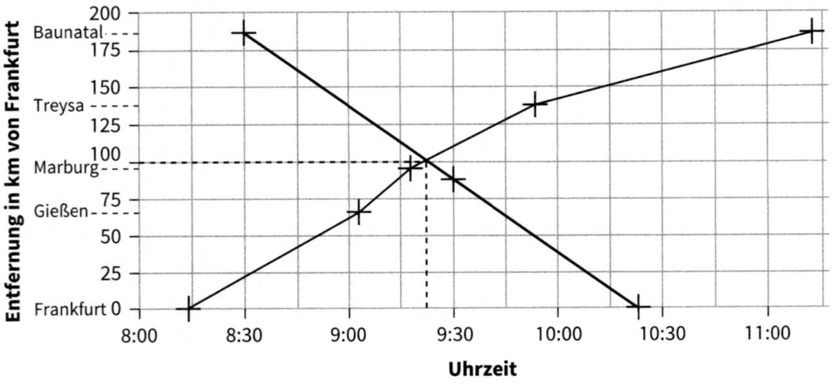

Die beiden Züge treffen sich ungefähr um 9:23 Uhr 100 km von Frankfurt entfernt zwischen Marburg und Treysa (in der Nähe von Marburg).

97 d) In dem rechtwinkligen Dreieck gilt: $\sin 7{,}1° = \frac{u}{143{,}5\text{ cm}}$ $\quad | \cdot 143{,}5$ cm

$u = 143{,}5\text{ cm} \cdot \sin 7{,}1° \approx 17{,}7\text{ cm}$

Also hat Max recht.

e) Aus der Zeichnung kann man die Koordinaten des Scheitelpunktes ablesen: S (50 | 20). Setzt man diese in die Scheitelpunktform $g(x) = d \cdot (x - e)^2 + f$ ein, ergibt sich: $g(x) = d \cdot (x - 50)^2 + 20$.
Um den Stauchungsfaktor d zu bestimmen, benötigt man noch einen weiteren Punkt der Parabel, hier z. B. (0 | 0). Einsetzen der Koordinaten dieses Punktes ergibt:

$0 = d \cdot (-50)^2 + 20 \quad | -20$

$-20 = d \cdot 2500 \quad | :2500$

$d = -\frac{1}{125} = -0{,}008$

f) Wenn der Scheitelpunkt im Ursprung (0 | 0) liegt, ist e = 0 und f = 0. Der Stauchungsfaktor d ändert sich nicht, da die Parabel nur verschoben wird. Sie hat dann die Gleichung: $y = -0{,}008 \cdot x^2$.

98 **Aufgabe 2: Kaffee**

a) 5 % von 165 sind $\frac{5}{100} \cdot 165 = 8{,}25$. Im Durchschnitt trinkt jede Person 8,25 Liter Kaffee aus Pappbechern.

b) Pro Jahr werden 34 · 82 000 000 = 2 788 000 000 Pappbecher in den Müll geworfen. Das sind pro Tag 2 788 000 000 : 365 ≈ 7 638 356 Pappbecher und pro Stunde 7 638 356 : 24 ≈ 318 265 Pappbecher, also rund 320 000 Pappbecher. Karin hat recht.

c) Die Breite der Sporthalle beträgt 27 m = 2 700 cm. Wegen 2 700 cm : 7 cm ≈ 385,71 kann man 385 Kaffeebecher nebeneinander aufstellen. Die Sporthalle hat eine Länge von 45 m = 4 500 cm. Wegen 4 500 cm : 7 cm ≈ 642,86 kann man 642 Kaffeebecher nebeneinander aufstellen. Insgesamt passen also höchstens 385 · 642 = 247 170 Kaffeebecher auf den Boden der Halle. Da dies deutlich weniger sind als die 320 000 Becher, die pro Stunde weggeworfen werden, reicht der Boden der Halle nicht aus.

d) Setzt man $r_1 = 3$ cm, $r_2 = 3{,}5$ cm und $h = 8{,}5$ cm in die Formel $V = (r_1^2 + r_1 \cdot r_2 + r_2^2) \cdot \frac{\pi \cdot h}{3}$ ein, ergibt sich: $V = (3^2 + 3 \cdot 3{,}5 + 3{,}5^2) \cdot \frac{\pi \cdot 8{,}5}{3}\text{ cm}^3 \approx 282{,}612\text{ cm}^3$. Das sind ungefähr 280 ml.

99 e) Der Mittelwert der beiden Radien beträgt (3 cm + 3,5 cm) : 2 = 3,25 cm. Für das Volumen eines Zylinders gilt die Formel $V = \pi r^2 \cdot h$. Danach erhält man hier für das Volumen:

$V = \pi \cdot 3{,}25^2 \cdot 8{,}5\text{ cm}^3 \approx 282{,}056\text{ cm}^3$.

Die Abweichung zum Wert aus d) beträgt nur 0,556 cm³, das sind $\frac{0{,}556}{282{,}612} \approx 0{,}002 = 0{,}2\,\%$ des Kegelstumpfvolumens. Karin hat recht mit der Behauptung, dass die Abweichung unter 1 % liegt.

f) Die Funktionsgleichungen (II) und (III) scheiden aus, weil dort die Funktionswerte für $t > 0$ immer größer als 80 sind und der Kaffee damit nicht abkühlen würde.
(I) ist die Gleichung einer Exponentialfunktion mit dem Startwert 80 und einem Wachstumsfaktor < 1, passend zum Abkühlungsprozess.

100 **Aufgabe 3: Sierpinski-Dreiecke**

a) Die Höhe h zerlegt das Dreieck aus Figur 0 in zwei rechtwinklige Dreiecke. Es gilt der Satz des Pythagoras: $h^2 + (5\text{ cm})^2 = (10\text{ cm})^2$. Daraus folgt: $h^2 = 100\text{ cm}^2 - 25\text{ cm}^2 = 75\text{ cm}^2$.

$h = \sqrt{75\text{ cm}^2} \approx 8{,}66\text{ cm}$

Für den Flächeninhalt des Dreiecks gilt $A = \frac{g \cdot h}{2}$, also $A \approx \frac{10\text{ cm} \cdot 8{,}66\text{ cm}}{2} = 43{,}3\text{ cm}^2$.

b) In jedem Schritt wird jedes schwarze Dreieck in vier gleich große Dreiecke aufgeteilt, davon sind drei schwarz und eins weiß. Also bilden die drei schwarzen Dreiecke $\frac{3}{4}$ der Fläche des größeren Dreiecks.

c) Gesucht ist ein n, sodass gilt: $A_n < 4\text{ cm}^2$. n findet man z. B. durch systematisches Probieren:

$n = 5$ ergibt $A_5 \approx 10{,}275\text{ cm}^2$ (zu groß)

$n = 10$ ergibt $A_{10} \approx 2{,}438\text{ cm}^2$

$n = 8$ ergibt $A_8 \approx 4{,}33489\text{ cm}^2$ (zu groß)

$n = 9$ ergibt $A_9 \approx 3{,}251\text{ cm}^2$

In Figur 9 ist der Flächeninhalt das erste Mal kleiner als 4 cm².

101 d) Der Gesamtflächeninhalt beträgt in allen Figuren immer 43,3 cm^2. Um den Anteil aller schwarzen Dreiecksflächen in Figur 3 an der Gesamtfläche zu ermitteln, muss man deren Flächeninhalt 18,267 cm^2 (in Zelle D5) durch 43,3 cm^2 dividieren. Es ergibt sich für Zelle E5 der Wert 0,422.

e) =B3*C3 (Anzahl der schwarzen Dreiecke mal Flächeninhalt eines schwarzen Dreiecks)
oder = 43,3*0,75^A3 (nach der Formel aus c))

f) Der Flächeninhalt aller schwarzen Dreiecke nähert sich gemäß dem Term aus c) exponentiell immer weiter an 0 cm^2 an, während der Flächeninhalt der weißen Flächen sich immer weiter an 43,3 cm^2 annähert. Da der Gesamtflächeninhalt der schwarzen Dreiecke aber nie genau 0 cm^2 wird, wird der Inhalt aller weißen Flächen auch nie insgesamt 43,3 cm^2 betragen.

Zentrale Prüfung 2017

Prüfungsteil I

102

Aufgabe 1

a) Satz des Pythagoras: $(55\text{ cm})^2 + a^2 = (70\text{ cm})^2$, wobei a die Länge der fehlenden Seite ist.
Damit folgt: $a = \sqrt{70^2 - 55^2}\text{ cm} \approx 43{,}3\text{ cm}$.

b) Nach der Umkehrung des Satzes von Pythagoras gilt: Wenn $a^2 + b^2 = c^2$, dann ist das Dreieck rechtwinklig.
Hier: $6^2 + 8^2 = 10^2$. Dies ist wahr, da 36 + 64 = 100, also ist das Dreieck rechtwinklig.

Aufgabe 2

$\frac{5}{10} < \frac{5}{7}$, da die Zähler gleich sind und der Nenner 10 des ersten Bruchs größer ist als der Nenner 7 des zweiten Bruchs.

$0{,}05 > 5 \cdot 10^{-3}$, weil 0,05 > 0,005 $\qquad -0{,}1 = -\frac{1}{10}$

Aufgabe 3

a) Gegeben: gesamter Umsatz G = 1,14 Mrd. €; Anteil des Kaffees p % = 35 %
Gesucht: W; Formel: $W = G \cdot p\,\%$

$W = \frac{1{,}14\text{ Mrd. €} \cdot 35}{100} = 0{,}399\text{ Mrd. €}$

Durch Kaffee wurden 0,399 Milliarden Euro umgesetzt.

b) „Ein Zehntel des Gesamtumsatzes wurde mit Blumen erzielt."
Die Aussage trifft zu, da $10\,\% = \frac{1}{10}$.
„Mehr als 40 % des Gesamtumsatzes wurden mit Kaffee und Tee erzielt."
Diese Aussage trifft nicht zu, da die Anteile von Kaffee und Tee zusammengenommen nur 35 % + 2 % = 37 % betragen.
„Der Umsatz mit Textilien und Kunsthandwerk war dreimal so hoch wie mit Schokolade."
Diese Aussage trifft zu, da die Anteile von Textilien und Kunsthandwerk zusammengenommen 7 % + 5 % = 12 % betragen, und das ist das Dreifache von 4 % (Anteil von Schokolade).

103

Aufgabe 4

a) Lösung mit dem Einsetzungsverfahren:

$$\begin{aligned} \text{I.}\quad 2x + y &= 14 \quad |-2x \\ y &= 14 - 2x \end{aligned}$$

$$\begin{aligned} \text{I. in II.:}\quad 3x - 2 \cdot (14 - 2x) &= 7 \\ 3x - 28 + 4x &= 7 \quad |+28 \\ 7x &= 35 \quad |:7 \\ x &= 5 \end{aligned} \qquad \begin{aligned} \text{in I.:}\ y &= 14 - 2 \cdot 5 \\ y &= 4 \end{aligned}$$

b) Gleichsetzen von I. und II. liefert: $4x + 8 = 4x + 5 \quad |-4x$
$8 = 5$ (falsche Aussage)
Damit hat das Gleichungssystem keine Lösung.
Anmerkung: Die beiden Gleichungen beschreiben im Koordinatensystem zwei parallele Geraden, die keinen gemeinsamen Punkt haben. Deshalb kann es auch keine Lösung geben.

03 **Aufgabe 5**

a) Die erste und die vierte Formel sind nicht geeignet, da durch die Pluszeichen der alte Preis aus Zelle B3 noch größer würde.
Mit der zweiten Formel (=B3–C3) wird vom alten Preis (in B3) der Rabatt (in C3) subtrahiert, die Formel ist also richtig.
Mit der dritten Formel wird der verminderte Preis direkt berechnet, sie ist ebenfalls geeignet.

b) Je höher der Rabatt (Prozentzahl in B1), desto niedriger ist der neue Preis des blauen Pullovers (Wert in D6).

Prüfungsteil II

04 **Aufgabe 1: Schokoladenkugeln**

a) Die Formel für das Volumen einer Kugel lautet: $V = \frac{4}{3}\pi \cdot r^3$

Da der Durchmesser d = 1,5 cm, beträgt der Radius r = 0,75 cm.

$V = \frac{4}{3}\pi \cdot 0{,}75^3\ \text{cm}^3 \approx 1{,}767\ \text{cm}^3$

b) 100 Kugeln haben ein Volumen von 176,7 cm^3. Sie wiegen 1,3 · 176,7 g = 229,71 g. Dazu kommen noch 5 % dieser Masse, die in der Form zurückbleibt.
Dreisatz: 1 % von 229,71 g = 2,2971 g
5 % von 229,71 g ≈ 11,49 g
Insgesamt werden 229,71 g + 11,49 g = 241,2 g benötigt. Kara sollte also ca. 250 g Schokolade kaufen.

c) Damit die Folie um die Kugel herumreicht, muss die Kantenlänge eines Quadrats mindestens so groß wie der Umfang der Kugel sein.
Für den Umfang gilt: $u = \pi \cdot d$. Hier ist $u = \pi \cdot 1{,}5\ \text{cm} \approx 4{,}7\ \text{cm} < 5\ \text{cm}$. Damit ist die Folie geeignet, um die Kugel damit vollständig zu verpacken.

d) 6 von 24 Kugeln sind aus weißer Schokolade. Die Wahrscheinlichkeit, eine weiße Kugel zu ziehen, beträgt also $P(W) = \frac{6}{24} = \frac{1}{4}$.

05 e) Wenn eine weiße Kugel gegessen wurde, sind in der Tüte noch 23 Kugeln, davon 5 weiße. Die Wahrscheinlichkeit, als zweite Kugel eine weiße zu ziehen, beträgt also $\frac{5}{23}$.

Anmerkung: Da im Baumdiagramm die Wahrscheinlichkeiten an den Ästen, die von einem gemeinsamen Knoten (hier: W) ausgehen, insgesamt 1 ergeben, könnte man auch rechnen $1 - \frac{12}{23} - \frac{6}{23} = \frac{5}{23}$.

f) Die erste Kugel könnte weiß (W) und die zweite Vollmilch (V) sein oder umgekehrt. Deshalb werden die beiden zugehörigen Pfadwahrscheinlichkeiten berechnet und anschließend addiert:

$P(W;V) + P(V;W) = \frac{1}{4} \cdot \frac{12}{23} + \frac{1}{2} \cdot \frac{6}{23} = \frac{3}{23} + \frac{3}{23} = \frac{6}{23}$.

Die Wahrscheinlichkeit, eine Kugel aus weißer Schokolade und eine aus Vollmilchschokolade zu ziehen, beträgt $\frac{6}{23}$.

Aufgabe 2: Quadrate

a) Für Figur 5 wird Figur 4 links und unten um eine Spalte und eine Zeile erweitert, wobei jeweils ein Quadrat eingefärbt wird:

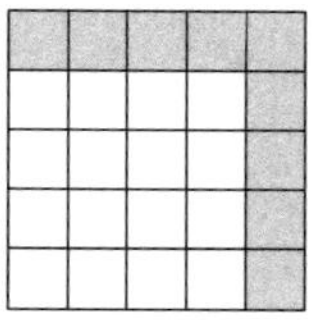

b)

Figur	5	6	7
Anzahl aller Quadrate	25	36	49
Anzahl der weißen Quadrate	16	25	36
Anzahl der grauen Quadrate	9	11	13

6 c) Die Anzahl der weißen Quadrate ist bei jeder Figur eine Quadratzahl. Da 200 keine Quadratzahl ist, kann die Anzahl der weißen Quadrate in keiner Figur 200 betragen.

d) $n^2 - (n-1)^2$ | 2. binomische Formel
$= n^2 - (n^2 - 2n + 1)$ | Minusklammer auflösen
$= n^2 - n^2 + 2n - 1$ | zusammenfassen
$= 2n - 1$

106

e) Anna subtrahiert von der Anzahl aller Quadrate (n^2) die Anzahl der weißen Quadrate ($(n-1)^2$). Hussam zählt n graue Quadrate in der obersten Zeile und n graue Quadrate in der rechten Spalte, das ergibt insgesamt $2 \cdot n$ Quadrate. Weil dabei das Quadrat in der oberen rechten Ecke doppelt gezählt wird, muss er noch 1 abziehen, also sind es $2n - 1$ graue Quadrate.

f) Die Anzahl der Quadrate nimmt linear zu. Bei jeder neuen Figur kommen gleichmäßig zwei graue Quadrate dazu.
Anmerkung: Der Term von Hussam stellt einen linearen Zusammenhang dar.

g) Anna hat recht, denn die Anzahl der weißen Quadrate wächst quadratisch, die Anzahl der grauen Quadrate wächst aber nur linear. Damit nimmt die Anzahl der weißen stärker zu als die Anzahl der grauen.

107

Aufgabe 3: Gletschereisbrücke

a) Der Brückenbogen hat eine Höhe von 35 m und eine Spannweite von 100 m. (Die Spannweite ist der Abstand der beiden Nullstellen der Parabel.)

b) Weil die Parabel die y-Achse bei 35 schneidet, ist $c = 35$. Damit lautet die Funktionsgleichung $f(x) = a \cdot x^2 + 35$.
Für $x = 50$ ist $y = 0$. Setzt man diese beiden Werte in die Funktionsgleichung ein, kann man a berechnen:

$$0 = a \cdot 50^2 + 35 \quad |-35$$
$$-35 = 2500 \cdot a \quad |:2500$$
$$a = -0{,}014$$

Die Funktionsgleichung der Parabel lautet: $f(x) = -0{,}014 \cdot x^2 + 35$.

c) Die Parabel liegt in dem betrachteten Abschnitt durchgehend oberhalb der eingezeichneten Hilfslinien. Deshalb ist die tatsächliche Querschnittsfläche des Eisbogens kleiner als die Querschnittsfläche von Ricos Prisma (s. Abbildung 3). Ricos Abschätzung liefert einen zu großen Wert für die Eismenge.

d) Man kann Abbildung 3 zu einem Quader ergänzen, von dem unten ein Dreiecksprisma herausgeschnitten wird. Der Quader hat das Volumen $V_1 = 100\ \text{m} \cdot 60\ \text{m} \cdot 40\ \text{m} = 240\,000\ \text{m}^3$.

Das Dreiecksprisma hat das Volumen $V_2 = G \cdot h = \left(\frac{1}{2} \cdot 100\ \text{m} \cdot 35\ \text{m}\right) \cdot 40\ \text{m} = 70\,000\ \text{m}^3$.

Ricos Abschätzung für die eingestürzte Eismenge beträgt
$V_1 - V_2 = 240\,000\ \text{m}^3 - 70\,000\ \text{m}^3 = 170\,000\ \text{m}^3$.

e) Die Abschätzung wird genauer, wenn man weitere Punkte auf der Parabel wählt und durch einen Streckenzug verbindet. Dabei entstehen Trapeze, deren Flächeninhalt einzeln berechnet wird. Die folgende Abbildung zeigt ein Beispiel.

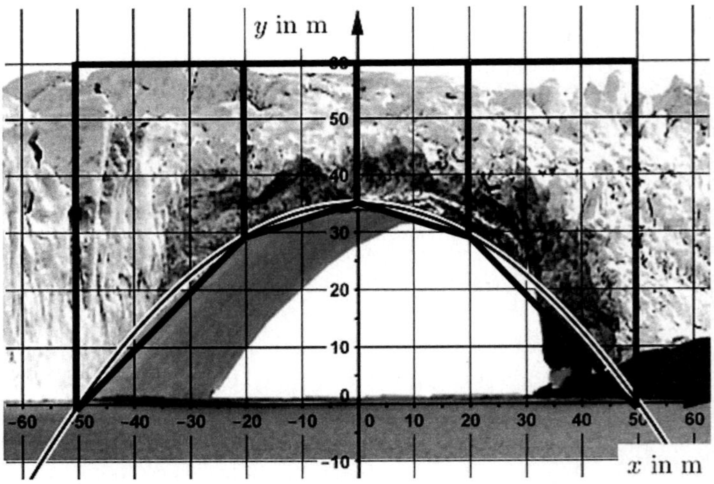

Zentrale Prüfung 2016

Prüfungsteil I

08 **Aufgabe 1**

$-\frac{1}{3} < -\frac{1}{4} < 0{,}4 < 0{,}6$

Aufgabe 2

a) $O = \pi r^2 + \pi rs$
$O = \pi \cdot (6\text{ cm})^2 + \pi \cdot 6\text{ cm} \cdot 15{,}2\text{ cm}$
$O = 399{,}6105...\text{ cm}^2$
$O \approx 400\text{ cm}^2$

b) Für das Volumen eines Kegels gilt: $V = \frac{1}{3}\pi r^2 \cdot h$
Wenn r von 6 cm auf 12 cm verdoppelt wird, dann vervierfacht sich das Volumen, denn
$(6\text{ cm})^2 = 36\text{ cm}^2$ und $(12\text{ cm})^2 = 144\text{ cm}^2$, also $\frac{1}{3}\pi\,(12\text{ cm})^2 \cdot h = 4 \cdot \frac{1}{3}\pi\,(6\text{ cm})^2 \cdot h$

Aufgabe 3

a) C8=„C7*B4/100“

b) 2 091,04 € · 0,0362 = 75,70 €   2 091,04 € + 75,70 € – 555,00 € = 1 611,74 €
Die Restschuld am Ende des dritten Jahres beträgt 1 611,74 €.

Aufgabe 4

$12x - 5 = 3x + 13 \quad | -3x$
$9x - 5 = 13 \quad | +5$
$9x = 18 \quad | :9$
$x = 2$

9 **Aufgabe 5**

a) 125 g · 1,20 = 150 g   Im Sonderangebot werden 150 g Plätzchen verkauft.

b) 1,49 € · 1,20 = 1,79 € < 1,89 €   Das Angebot ist im Vergleich teurer.

Aufgabe 6

In der oberen Schicht kann man ca. 35 Kugeln zählen. Insgesamt sind vier Schichten abgebildet. Das Gefäß ist zu etwa $\frac{1}{3}$ gefüllt. Also passen insgesamt ca. 12 Schichten in das Gefäß.
350 · 12 = 420
In das Gefäß passen insgesamt ca. 420 Kugeln.

Prüfungsteil II

Aufgabe 1: Wurfparabel

a) Die Platte hat eine Höhe von 1,05 m.
Der Korbring befindet sich 0,1 m über der unteren Kante.
Damit beträgt die Korbhöhe
3,95 m – 1,05 m + 0,10 m = 3,00 m.

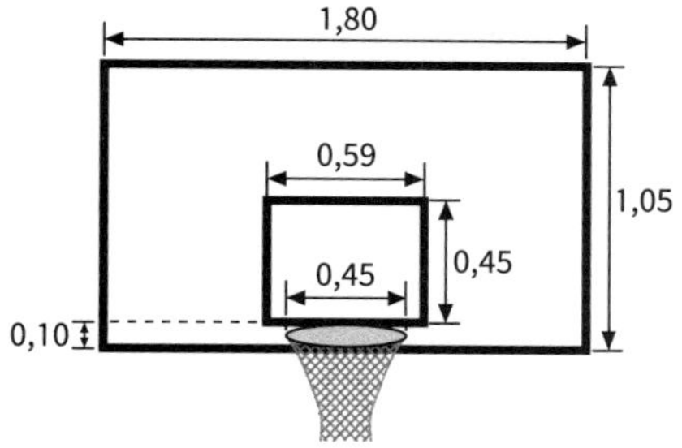

b) Der Punkt auf der y-Achse gibt die Abwurfhöhe an.
Man muss also den Funktionswert für x = 0 bestimmen.
$f(0) = -0{,}4 \cdot 0^2 + 1{,}7 \cdot 0 + 1{,}9 = 1{,}9$
Antje wirft aus einer Höhe von 1,9 m den Ball ab.

110 c) Der Scheitelpunkt gibt die maximale Höhe an.
Zur Bestimmung des Scheitelpunktes gibt es im Grunde zwei Möglichkeiten.

(1) Mithilfe der Nullstellen:

$-0{,}4x^2 + 1{,}7x + 1{,}9 = 0 \qquad | : (-0{,}4)$

$x^2 - 4{,}25x - 4{,}75 = 0 \qquad | \; p = -4{,}25,\; q = -4{,}75$

$x_{1/2} = 2{,}125 \pm \sqrt{(-2{,}125)^2 + 4{,}75}$

$x_{1/2} = 2{,}125 \pm 3{,}044$

$x_1 \approx -0{,}919$ und $x_2 \approx 5{,}169$

In der Mitte der beiden Nullstellen befindet sich der Scheitelpunkt. $x_S = (-0{,}919 + 5{,}169) : 2 = 2{,}125$

Damit erhält man: $y_S = f(2{,}125) = -0{,}4 \cdot 2{,}125^2 + 1{,}7 \cdot 2{,}125 + 1{,}9 \approx 3{,}7$

(2) Mithilfe der Scheitelpunktform: $f(x) = -0{,}4x^2 + 1{,}7x + 1{,}9$

$= -0{,}4\,(x^2 - 4{,}25x - 4{,}75)$

$= -0{,}4\,(x - 2{,}15)^2 + 3{,}70625$

Der Scheitelpunkt ist somit $(2{,}125 \,|\, 3{,}70625)$.

Die maximale Ballhöhe beträgt ca. 3,7 m.

d) Die eingezeichnete gestrichelte Gerade ($x = 2{,}25$) ist die Symmetrieachse der Parabel. Spiegelt man den Punkt P an dieser Geraden, so erhält man P'. Der Ball trifft also in den Korb.

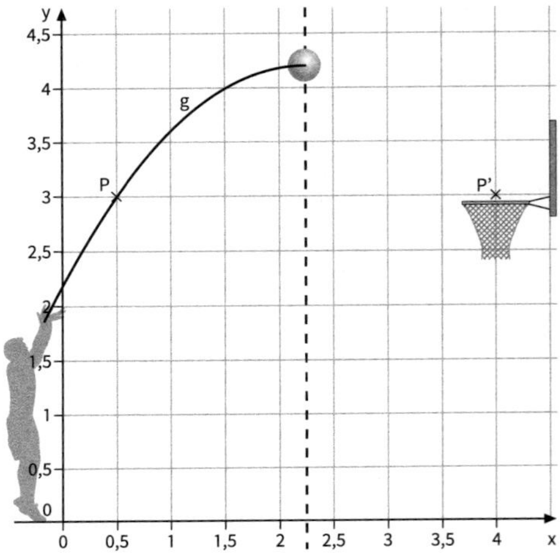

e) $2\text{ m} \cdot 0{,}7 \cdot 0{,}7 = 0{,}98\text{ m}$
Der Ball springt nach zwei Bodenberührungen etwa 1 m hoch.

f) $2\text{ m} \cdot (0{,}7)^{10} \approx 0{,}056\text{ m}$
Die Herstellerangabe ist falsch, der Ball springt dann nur noch ca. 5,6 cm hoch.

g) $h(k) = 2 \cdot 0{,}7^k$, wobei k die Anzahl der Bodenberührungen angibt.

Aufgabe 2: Freizeitpark

a) Insgesamt nehmen 92 Personen an dem Ausflug teil, die man in 9 Gruppen aufteilen kann (8 x 10 Personen und 1 x 12 Personen). Somit erhalten 9 Personen freien Eintritt. Für die restlichen 83 Personen müssen dann $83 \cdot 23\text{ €} = 1\,909\text{ €}$ bezahlt werden.

111 b) Gesamthöhe $h = x + 41{,}8\text{ m}$

$x = \sqrt{(10{,}8\text{ m})^2 - (8{,}6\text{ m})^2}$

$x \approx 6{,}5\text{ m}$

(oder $x = 10{,}8\text{ m} \cdot \sin 37{,}2°$)

Gesamthöhe $h = 6{,}5\text{ m} + 41{,}8\text{ m}$

$h = 48{,}3\text{ m}$

Die Information ist richtig.

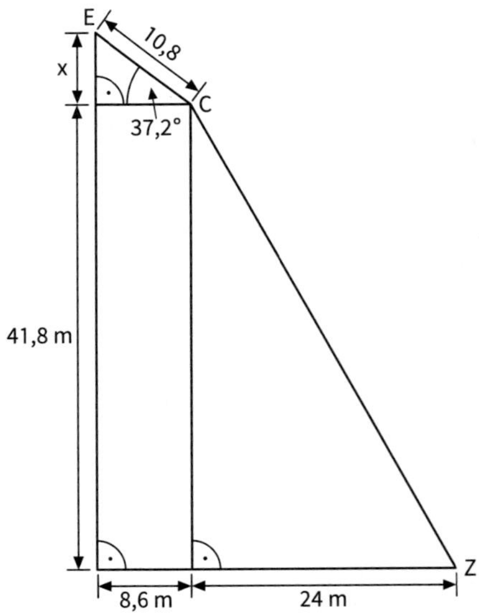

c) $\cos 37{,}2° = 0{,}7965\ldots$

$\frac{8{,}6\text{ m}}{10{,}8\text{ m}} = 0{,}7962\ldots$

Der Winkel wurde korrekt angegeben.

d) Gefälle: $\frac{41{,}8\text{ m}}{24\text{ m}} \approx 1{,}74 = 174\,\%$

Paul hat nicht recht. Das Gefälle beträgt 174 %.

e) $19{,}4\,\frac{\text{m}}{\text{s}} \cdot 4{,}2\text{ s} = 81{,}48\text{ m}$
Der Umfang der Kreisbahn beträgt ca. 81,5 m.

11

f) Die Zaunlänge ist der Umfang u des Kreises unter dem Karussell. Für ihn gilt: $u = 2\pi r$
Der Radius des Kreises setzt sich aus zwei Strecken zusammen: $r = 7\text{ m} + x$.

Für x gilt: $\sin 58° = \frac{x}{8{,}95\text{ m}}$ bzw.

$x = 8{,}95\text{ m} \cdot \sin 58°$

[Ergebnisse als Zusatz: $x \approx 7{,}6$ m; $r \approx 14{,}6$ m; $u \approx 92$ m]

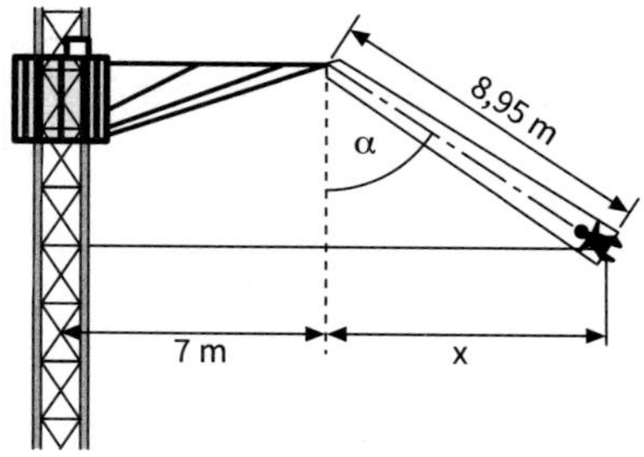